Dario Croccolo   Massimiliano De Agostinis   Giorgio Olmi

Esercizi di Costruzione di macchine e Tecnica delle costruzioni meccaniche

Società Editrice
ESCULAPIO

ISBN 978-88-7488-632-6

Società Editrice Esculapio s.r.l.
Via Terracini, 30 – 40131 Bologna
www.editrice-esculapio.com – info@editrice-esculapio.it

Impaginazione: Giancarla Panigali e Carlotta Lenzi
Stampato da: Legodigit – Lavis (TN)
Printed in Italy

Società Editrice
ESCULAPIO

Prefazione

In questo libro sono raccolti 25 esempi di esercizi proposti come temi d'esame o come problemi applicativi durante le esercitazioni nei corsi di Costruzione di Macchine e di Tecnica delle Costruzioni Meccaniche tenuti presso la sedi di Bologna e di Forlì della Scuola di Ingegneria ed Architettura dell'Università degli Studi di Bologna.
Le tracce di soluzione proposte sono state realizzate considerando che il lettore sia già a conoscenza degli argomenti teorici trattati nei corsi citati, con particolare riferimento a quelli contenuti nel libro di testo: Dario Croccolo, Nicolò Vincenzi, "Lezioni di Fondamenti e Tecnica della Progettazione Meccanica", Soc. Ed. Esculapio, Bologna. Ciò nonostante vi sono frequenti riferimenti e commenti ad aspetti teorici al fine di migliorare la comprensione delle procedure di calcolo e di aiutare il lettore alla preparazione complessiva delle prove d'esame.
Gli esercizi, e le relative soluzioni, sono stati suddivisi e raggruppati in cinque capitoli che corrispondono, nella sostanza, a cinque dei principali argomenti teorici affrontati durante le lezioni. Il capitolo 1 riguarda strutture isostatiche più complesse di quelle studiate nell'altro volume, perché aventi sviluppo nello spazio. I capitoli 2 e 3 vertono sul progetto e sulla verifica di collegamenti per bullonatura e saldatura, di impiego molto comune nella pratica dell'Ingegnere Meccanico. Il capitolo 4 riguarda la verifica a fatica di alberi intagliati, eseguita con un metodo avente validità generale, anche in presenza di combinazioni di sollecitazioni. Il capitolo 5 riguarda infine l'opportuna scelta dei cuscinetti volventi da montare sugli alberi e la stima della relativa vita di funzionamento. Ciascun esercizio proposto risulta, in ogni caso, indipendente dagli altri e risolvibile anche se considerato singolarmente.
Tutti i risultati numerici sono stati arrotondati per eccesso o per difetto in modo da rimanere sempre a favore di sicurezza e da ottenere cifre significative che possiedono valore ingegneristico.

Gli Autori

Indice

Capitolo 1

Travi e strutture isostatiche complesse sviluppate nel piano e nello spazio

1.1 Esercizio 1

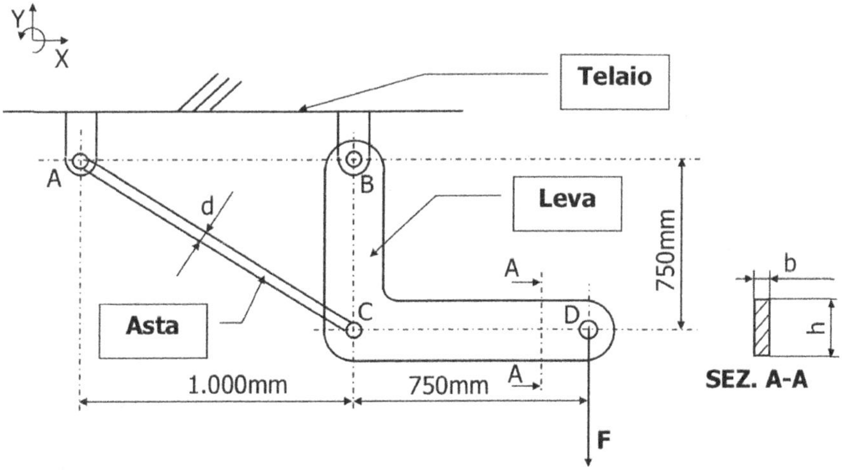

Figura 1.1: Disegno della leva

La leva schematizzata in Fig. 1.1 è collegata al telaio nel punto ***B*** e all'asta nel punto ***C*** tramite due cerniere. Su di essa è applicata la forza ***F=1.000N*** nel punto ***D*** con direzione verticale ed orientamento verso il basso. L'asta è a sua volta collegata al telaio con una cerniera nel punto ***A***. Disegnare i diagrammi delle sollecitazioni per l'asta e per la leva e calcolare il coefficiente di sicurezza minimo della struttura rispetto allo snervamento tenuto conto che l'asta ha sezione circolare di diametro ***d=16mm*** e la leva ha sezione rettangolare ***b=8mm*** per ***h=55mm***. Considerare il valore del taglio medio agente nella sezione $\boldsymbol{b \cdot h}$ per un materiale avente un limite di snervamento $\boldsymbol{S_y}$***=400MPa*** ed un modulo di elasticità ***E=200.000MPa***.

Soluzione

Si osserva innanzitutto che la struttura in studio è formata da due elementi: la leva ***BCD*** e l'asta ***AC***. I due corpi nel piano posseggono ***3*** gradi di libertà ciascuno, per un totale di ***6*** gradi di libertà, che devono essere equilibrati dal sistema vincolare. I vincoli sono rappresentati da tre cerniere in ***A***, ***B*** e ***C*** (molteplicità di vincolo pari a ***2*** ciascuno) per un totale di ***6*** gradi di vincolo. Ne consegue che la struttura è nel suo insieme ***isostatica***, dunque il calcolo delle reazioni vincolari può essere eseguito utilizzando e risolvendo le sole tre equazioni di equilibrio (due alla traslazione lungo l'asse verticale ***Y*** e lungo l'asse orizzontale ***X*** ed una alla rotazione attorno ad un qualunque punto della trave). Si considerano, dunque, due reazioni per il vincolo di cerniera in ***A*** (una orizzontale $\boldsymbol{X_A}$, ed una verticale $\boldsymbol{Y_A}$) e due reazioni per il vincolo di cerniera in ***B*** (una orizzontale $\boldsymbol{X_B}$, ed una verticale $\boldsymbol{Y_B}$). Come punto di equilibrio alla rotazione si sceglie il punto ***A*** in modo da annullare il momento generato dalla reazione incognita $\boldsymbol{X_B}$ del vincolo ***B*** oltre che da entrambe le reazioni del vincolo in ***A***.

Si può, quindi, scrivere il sistema di equazioni di equilibrio della struttura secondo i versi delle reazioni vincolari indicati in figura 1.2. Nel sistema 1.1 compare un'equazione che lega le due reazioni vincolari in ***A*** ($\boldsymbol{X_A}$ e $\boldsymbol{Y_A}$) poiché in realtà l'asta può reagire con una forza diretta lungo il proprio asse; ciò significa che le due reazioni sono geometricamente collegate tra loro dovendosi comporre secondo l'inclinazione dell'asta rispetto all'asse orizzontale. Il segno negativo deriva dalla direzione della risultante che è allineata con l'asse dell'asta.

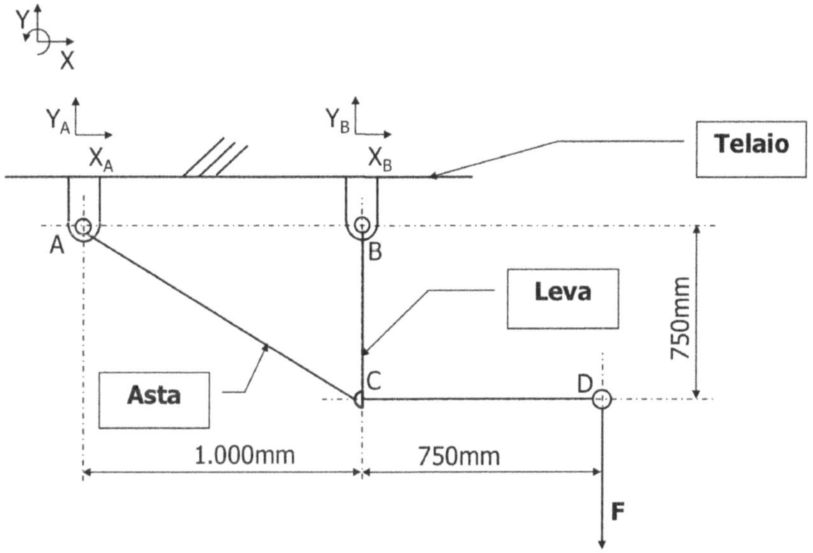

Figura 1.2: Schema strutturale dei vincoli e dei carichi

$$\begin{cases} Y_A + Y_B - F = 0 \\ X_A + X_B = 0 \\ Y_B \cdot 1.000 - F \cdot 1.750 = 0 \\ \frac{Y_A}{X_A} = -\frac{750}{1.000} = -0,75 \end{cases} \tag{1.1}$$

Risolvendo il sistema di equazioni 1.1 si ottengono le seguenti reazioni vincolari:

$$\begin{cases} Y_B = \frac{F \cdot 1.750}{1000} = \frac{1.000 \cdot 1.750}{1000} = 1.750\text{N} \\ Y_A = 1.000 - 1750 = -750\text{N} \\ X_A = -\frac{Y_A}{0,75} = \frac{750}{0,75} = 1.000\text{N} \\ X_B = -1.000\text{N} \end{cases} \tag{1.2}$$

Le reazioni $\boldsymbol{Y_A}$ ed $\boldsymbol{X_B}$ risultano, dunque, di segno opposto rispetto a quello ipotizzato nello schema di Fig. 1.2, perciò possono essere scritte secondo quanto indicato in Fig. 1.3. Infine, poiché la reazione nell'asta risulta diretta lungo il suo asse, essa può essere determinata come segue, sommando vettorialmente le componenti in direzione orizzontale e verticale. Il segno negativo è dovuto alle tensioni di compressione presenti nell'asta.

$$R_A = -\sqrt{X_A^2 + Y_A^2} = -\sqrt{1.000^2 + 750^2} = -1.250\text{N} \tag{1.3}$$

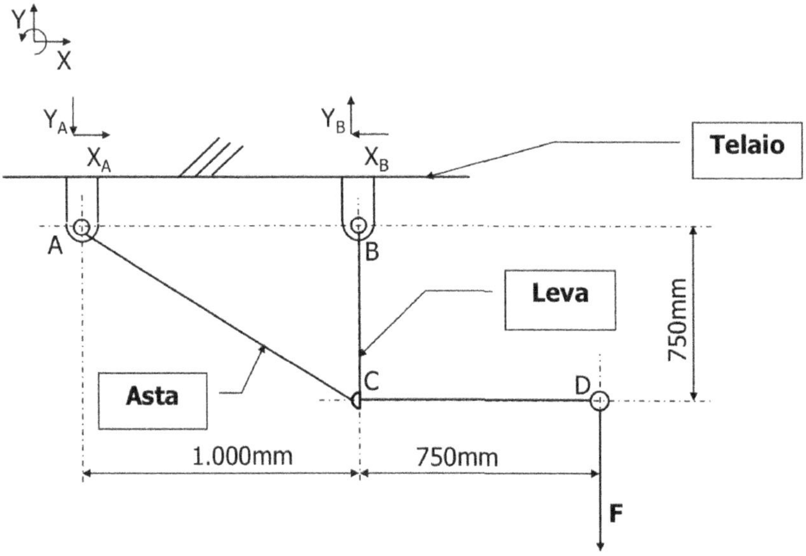

Figura 1.3: Schema strutturale dei vincoli e dei carichi

Di seguito si disegnano i diagrammi delle sollecitazioni agenti sulla struttura considerando convenzionalmente positive le reazioni concordi a quelle rappresentate sul concio di trave di Fig. 1.4. Il diagramma del momento flettente si disegna dalla parte delle fibre tese con pendenza negativa ancorché il taglio, cioè la sua derivata $\left(\boldsymbol{T} = \frac{\mathbf{d}M}{\mathbf{d}x}\right)$ risulti positivo; dunque la pendenza del diagramma dei momenti si disegna sempre, per convenzione, con segno opposto a quello del taglio. I diagrammi dei momenti flettenti si disegnano dopo avere stabilito la linea tratteggiata delle fibre tese che stabilisce il segno positivo così come indicato in Fig. 1.5.

Ne consegue che sulla leva agisce nel punto ***C*** uno sforzo normale massimo pari a ***N=1.750N***, un taglio massimo pari a ***T=1.000N*** ed

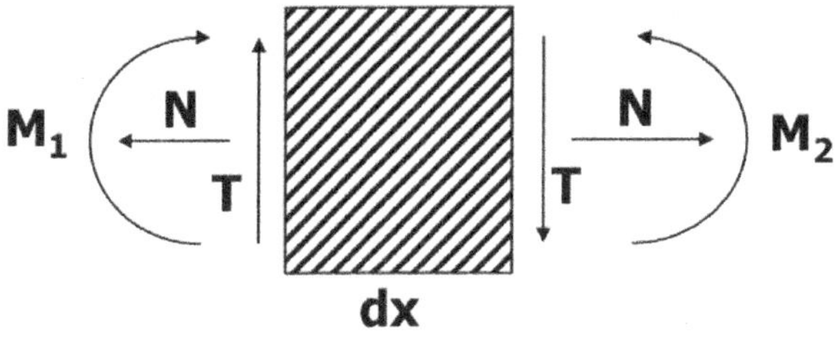

Figura 1.4: Convenzione sui segni

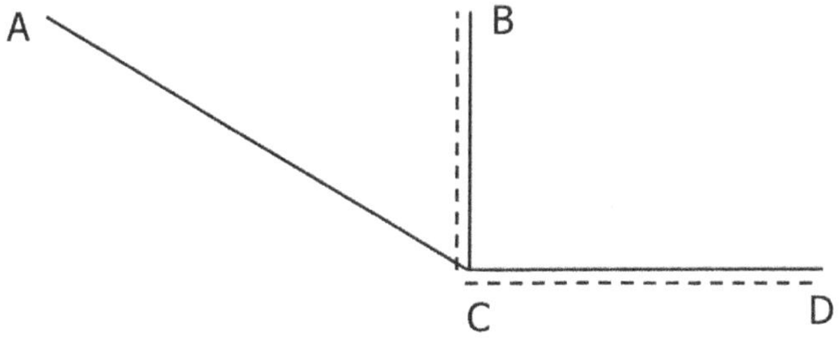

Figura 1.5: Convenzione sulla fibra tesa per il momento flettente

un momento flettente massimo pari a $\boldsymbol{M_f=750Nm}$. Poiché la leva è costituita da una sezione rettangolare $\boldsymbol{b=8mm}$ per $\boldsymbol{h=55mm}$ possono essere calcolate le tensioni nel modo seguente:

$$\begin{aligned}
\sigma_{N_max} &= \frac{N}{A} = \frac{1.750}{8 \cdot 55} = 4\text{MPa} \\
\tau_{T_media} &= \frac{T}{A} = \frac{1.000}{8 \cdot 55} = 2\text{MPa} \\
\sigma_{Mf_max} &= \pm\frac{M_f}{W_f} = \pm\frac{6 \cdot 750.000}{8 \cdot 55^2} = \pm 186\text{MPa}
\end{aligned} \tag{1.4}$$

La tensione $\boldsymbol{\tau}$ di taglio è stata calcolata come valore medio per poi comporla con le tensioni $\boldsymbol{\sigma}$ tramite l'Eq. 1.5.

$$\begin{aligned}
\sigma_{eq} &= \sqrt{(\sigma_{N_max} + \sigma_{Mf_max})^2 + 3 \cdot \tau_{media}^2} = \\
&= \sqrt{(4+186)^2 + 3 \cdot 2^2} = 190\text{MPa}
\end{aligned} \tag{1.5}$$

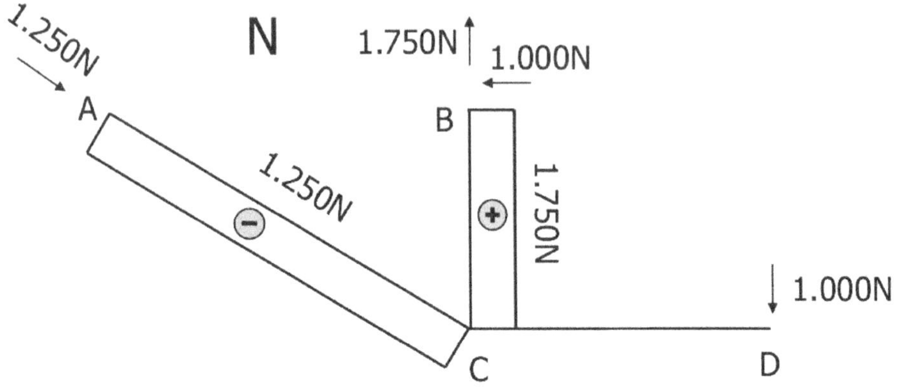

Figura 1.6: Diagramma dello sforzo normale

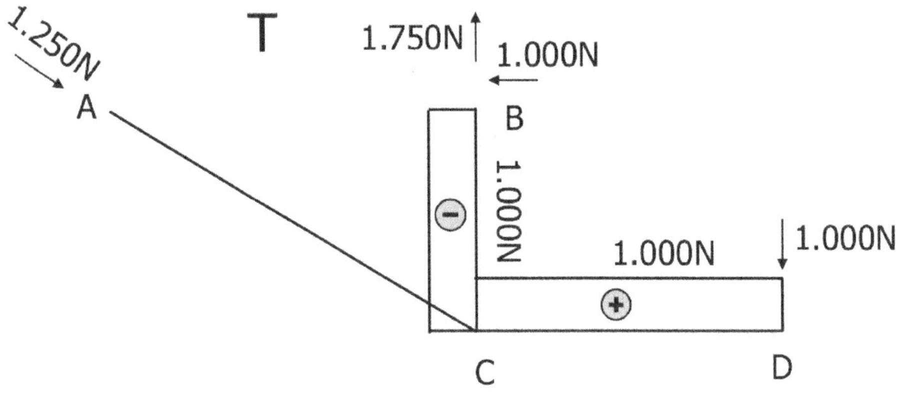

Figura 1.7: Diagramma del taglio

Il coefficiente di sicurezza minimo della leva risulta, dunque, calcolato come segue:

$$CS = \frac{S_y}{\sigma_{eq}} = \frac{400}{190} = 2,10 \tag{1.6}$$

La sollecitazione presente nell'asta è pari a ***N=-1.250N*** perciò il coefficiente di sicurezza deve essere valutato anche rispetto ad una

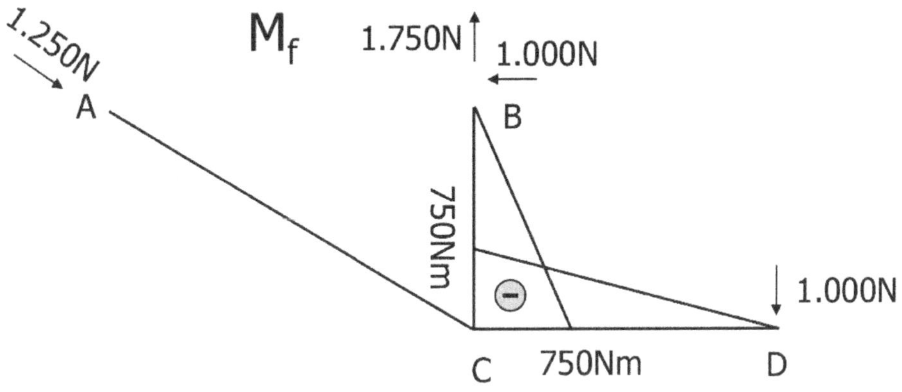

Figura 1.8: Diagramma del momento flettente

possibile instabilità per carico di punta. Si determina, innanzi tutto, la tensione critica secondo ***Eulero*** che vale $\boldsymbol{S_E = \frac{\pi^2 \cdot E}{\lambda^2}}$ in cui $\boldsymbol{E}$ rappresenta il modulo di ***Young*** mentre $\boldsymbol{\lambda}$ è la ***snellezza*** dell'asta calcolata secondo l'Eq. 1.7.

$$\lambda = \frac{L_e}{\rho_{min}} = \frac{L_e}{\sqrt{\frac{I_{Z'-Z'\_min}}{A}}} \tag{1.7}$$

Per l'asta in esame di sezione circolare piena e vincolata tra due cerniere l'Eq. 1.7 diventa l'Eq. 1.8 con $\boldsymbol{L_e}$ (lunghezza equivalente dipendente dal sistema dei vincoli) pari a $\boldsymbol{L}$ secondo lo schema di Fig. 1.9 e $\boldsymbol{\rho_{min}}$ raggio di inerzia minimo della sezione.

$$\begin{aligned} \lambda &= \frac{L_e}{\rho} = \frac{L_e}{\sqrt{\frac{I_{Z'-Z'\_min}}{A}}} = \frac{L}{\sqrt{\frac{\pi \cdot d^4 \cdot 4}{64 \cdot \pi \cdot d^2}}} = \frac{\sqrt{1.000^2 + 750^2}}{\sqrt{\frac{d^2}{16}}} = \\ &= \frac{4 \cdot 1.250}{d} = \frac{4 \cdot 1.250}{16} = 312,5 \end{aligned} \tag{1.8}$$

A questo punto la tensione critica secondo ***Eulero*** vale:

$$S_E = \frac{\pi^2 \cdot E}{\lambda^2} = \frac{\pi^2 \cdot 200.000}{312,5^2} = 20\text{MPa} \leq \frac{S_y}{2} = 200\text{MPa} \tag{1.9}$$

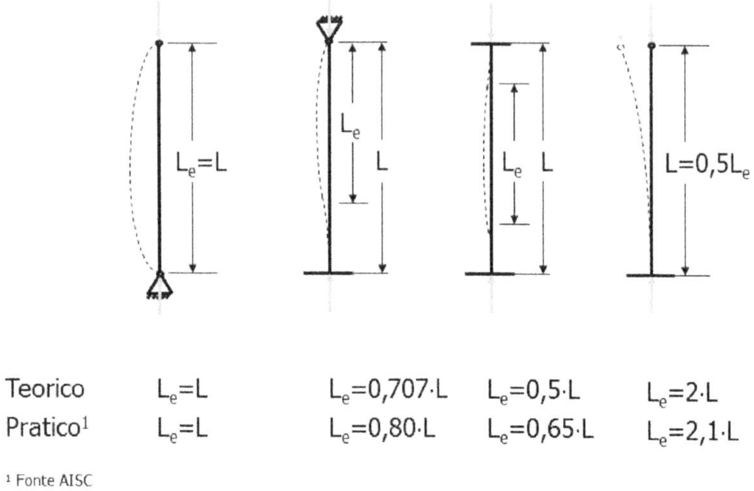

Figura 1.9: Lunghezze equivalenti di inflessione

Infine il coefficiente di sicurezza minimo per l'asta può essere calcolato come segue:

$$CS = \frac{S_E}{\sigma_N} = \frac{S_E}{\frac{4 \cdot N}{\pi \cdot d^2}} = \frac{20}{\frac{4 \cdot 1.250}{\pi \cdot 16^2}} = \frac{20}{6,22} = 3,22 \tag{1.10}$$

Perciò il coefficiente di sicurezza minimo dell'intera struttura risulta ***CS=2,10*** come desumibile dall'Eq. 1.6.

1.2 Esercizio 2

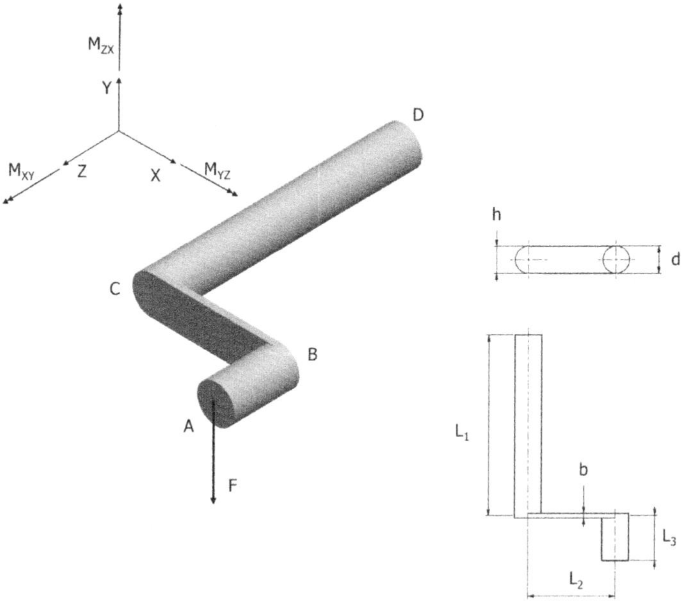

Figura 1.10: Disegno della manovella

La manovella rappresentata in figura è sollecitata all'estremità ***A*** da una forza verticale ***F=1.000N***. Calcolare le reazioni vincolari e disegnare i diagrammi delle sollecitazioni agenti sui vari tratti della manovella. Definire infine il coefficiente di sicurezza minimo per ogni tratto della manovella rispetto alla tensione limite di snervamento del materiale S_y***=700MPa***. Considerare la manovella perfettamente incastrata in ***D*** ed avente le seguenti grandezze geometriche L_1***=200mm***, ***d=30mm***, L_2***=100mm***, ***h=30mm***, ***b=5mm*** e L_3***=50mm***.

Soluzione

Poiché la struttura è isostatica e sviluppata nello spazio il calcolo delle reazioni vincolari può essere eseguito utilizzando e risolvendo le sei equazioni di equilibrio cardinali (tre alla traslazione e tre alla rotazione). Nel caso in esame vi sono solo tre delle sei incognite, ovvero tre reazioni vincolari risultano uguali a zero. Le tre reazioni vincolari diverse da zero sono la $\boldsymbol{Y_D}$, la $\boldsymbol{M_{D\_XY}}$ e la $\boldsymbol{M_{D\_YZ}}$ dove con $\boldsymbol{M_{D\_XY}}$ si intende il momento che agisce nel piano $\boldsymbol{X}$-$\boldsymbol{Y}$ mentre con $\boldsymbol{M_{D\_YZ}}$ si intende il momento che agisce nel piano $\boldsymbol{Y}$-$\boldsymbol{Z}$. Come punto di equilibrio si sceglie il punto di incastro in $\boldsymbol{D}$ sul quale deve essere riportata la forza verticale $\boldsymbol{F}$ ed i relativi momenti di trasporto.

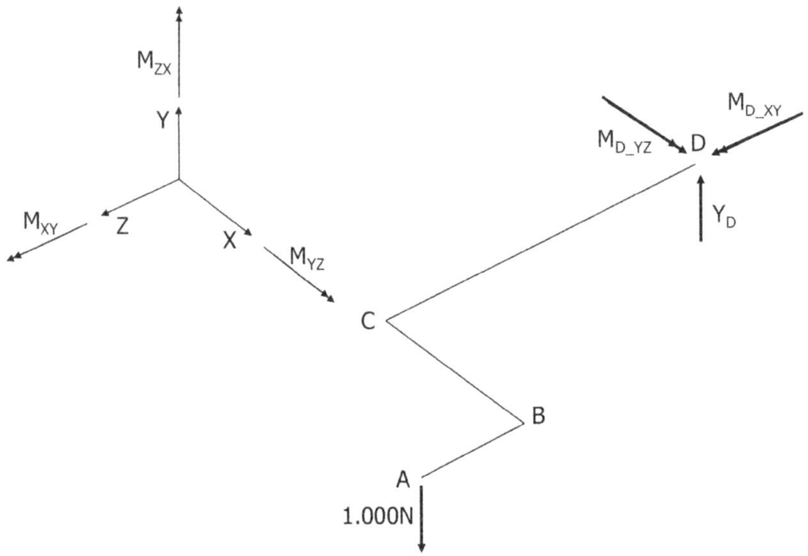

Figura 1.11: Schema strutturale dei vincoli e dei carichi

Si può, quindi, scrivere il sistema di equazioni di equilibrio della struttura secondo i versi delle reazioni vincolari indicati in figura 1.11.

$$\begin{cases} Y_D - F = 0 \\ M_{D\_XY} - F \cdot L_2 = 0 \\ M_{D\_YZ} + F \cdot (L_1 + L_3) = 0 \end{cases} \tag{1.11}$$

Risolvendo il sistema di equazioni 1.1 si ottengono le seguenti reazioni vincolari:

$$\begin{cases} Y_D = 1.000\text{N} \\ M_{D\_XY} = 1.000 \cdot 100 = 100\text{Nm} \\ M_{D\_YZ} = -1.000 \cdot (200 + 50) = -250\text{Nm} \end{cases} \tag{1.12}$$

Come si vede dal sistema di Eq. 1.12 il verso di M_{D_YZ} è discorde rispetto al sistema di riferimento indicato in Fig. 1.11. Di seguito si disegnano i diagrammi delle sollecitazioni agenti sulla struttura considerando convenzionalmente positive le reazioni concordi a quelle rappresentate sul concio di trave di Fig. 1.12. Il diagramma del momento flettente si disegna dalla parte delle fibre tese con pendenza negativa ancorché il taglio, cioè la sua derivata $\left(T = \frac{dM}{dx}\right)$ risulti positivo; dunque la pendenza del diagramma dei momenti si disegna sempre, per convenzione, con segno opposto a quello del taglio. I diagrammi dei momenti flettenti si disegnano dopo avere stabilito la linea tratteggiata delle fibre tese che stabilisce il segno positivo così come indicato in Fig. 1.13. Infine i diagrammi dei momenti torcenti si disegnano con segno concorde al sistema di riferimento di Fig. 1.11.

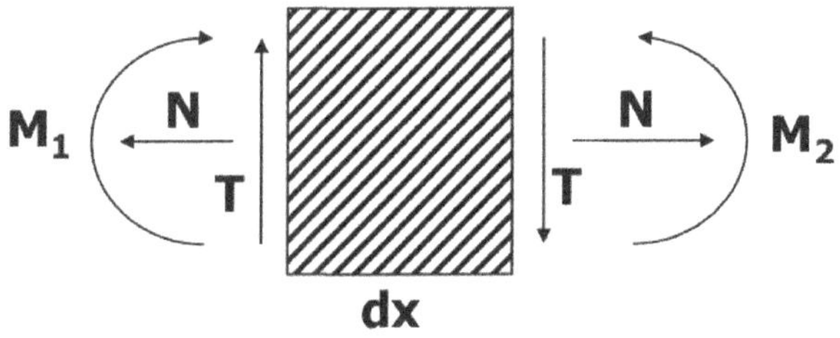

Figura 1.12: Convenzione sui segni

La struttura è costituita da tre tratti di trave sia di sezione circolare (***tratto A-B e C-D***), sia di sezione rettangolare (***tratto B-C***) ed è sollecitata con sforzi di ***taglio***, di ***momento flettente*** e di ***momento torcente***. Per tale motivo devono essere valutate le tensioni massime su ciascun tratto. Nel tratto ***A-B*** di sezione circolare il punto più sollecitato è ***B*** con uno sforzo di taglio massimo pari a ***T=1.000N*** ed un momento flettente massimo pari a $\boldsymbol{M_f}$***=50Nm***. Nel tratto ***B-C*** di sezione rettangolare il punto più sollecitato è ***C*** con uno sforzo di taglio massimo pari a ***T=1.000N***, un momento flettente massimo pari a $\boldsymbol{M_f}$***=100Nm*** ed un momento torcente massimo pari a $\boldsymbol{M_t}$***=50Nm***. Nel tratto ***C-D*** di sezione circolare il punto più sollecitato è ***D*** con uno sforzo di taglio massimo pari a ***T=1.000N***, un momento flettente massimo pari a $\boldsymbol{M_f}$***=250Nm*** ed un momento torcente massimo pari a $\boldsymbol{M_t}$***=100Nm***.

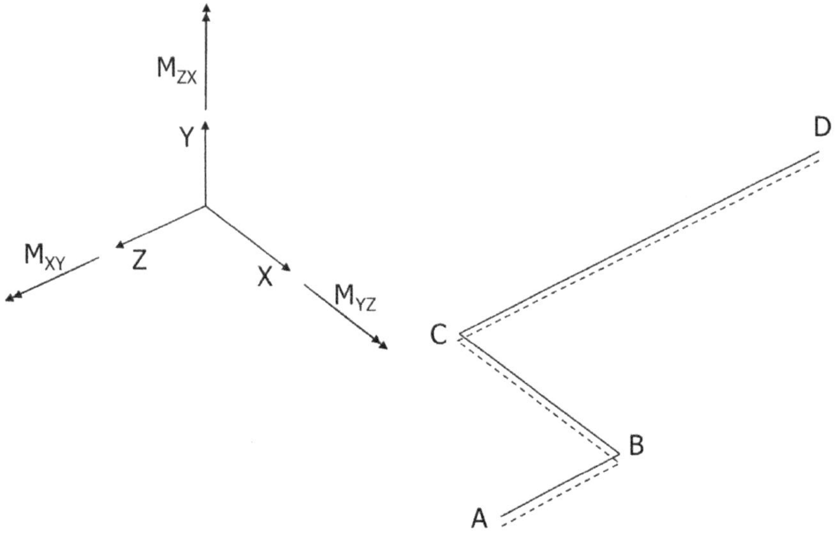

Figura 1.13: Convenzione sulla fibra tesa per il momento flettente

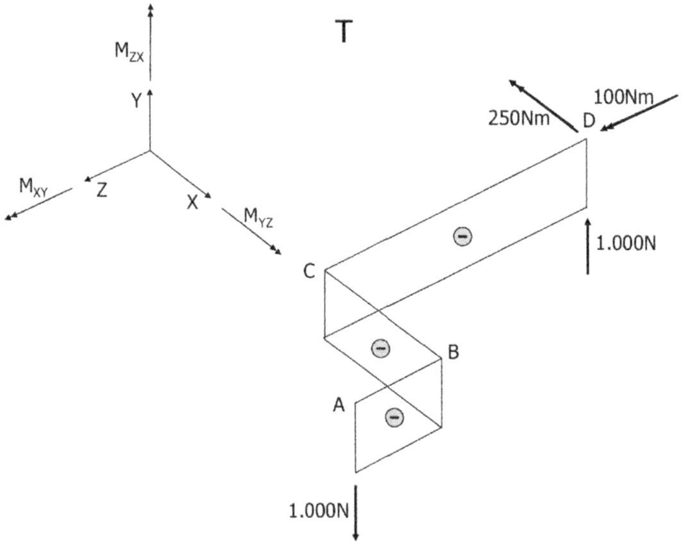

Figura 1.14: Diagramma del taglio

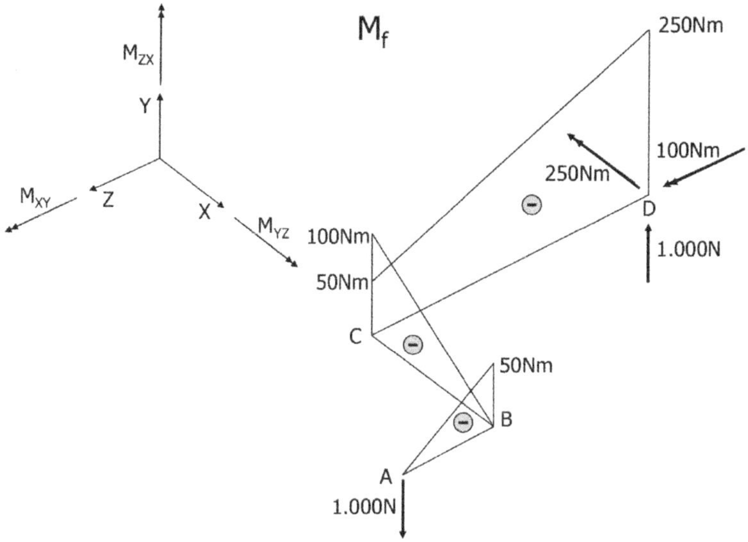

Figura 1.15: Diagramma del momento flettente

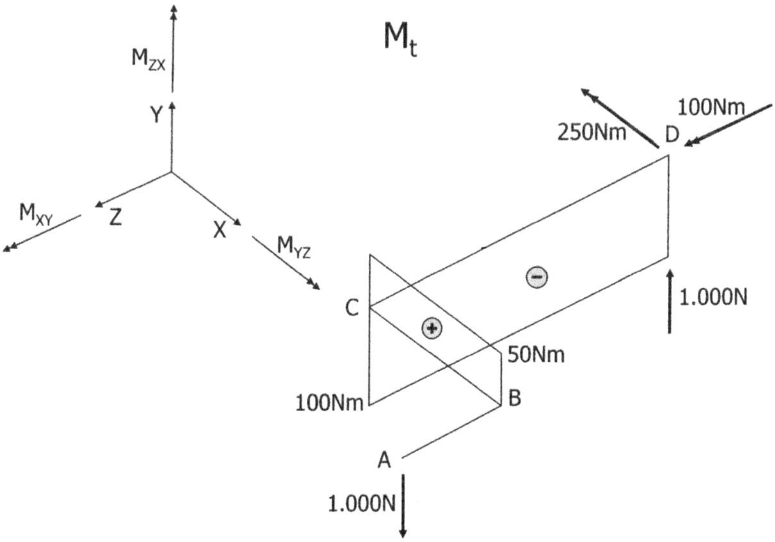

Figura 1.16: Diagramma del momento torcente

Calcolo delle tensioni nel punto *B*

Poiché la sezione è circolare le tensioni possono essere calcolate nel modo seguente:

$$\begin{aligned} \tau_{T\_max} &= \frac{4}{3} \cdot \frac{T}{A} = \frac{4}{3} \cdot \frac{4 \cdot T}{\pi \cdot d^2} = \frac{4}{3} \cdot \frac{4 \cdot 1.000}{\pi \cdot 30^2} = 2\text{MPa} \\ \sigma_{Mf\_max} &= \pm \frac{M_f}{W_f} = \pm \frac{32 \cdot M_f}{\pi \cdot d^3} = \pm \frac{32 \cdot 50.000}{\pi \cdot 30^3} = \pm 19\text{MPa} \end{aligned} \tag{1.13}$$

La tensione $\boldsymbol{\tau_{T\_max}}$ di taglio è trascurabile rispetto alla tensione $\boldsymbol{\sigma_{Mf\_max}}$ anche perché agisce in un punto della sezione dove $\boldsymbol{\sigma = 0}$. La tensione ideale è, dunque, pari alla $\boldsymbol{\sigma_{Mf\_max} = 19MPa}$ ed il coefficiente di sicurezza minimo nel tratto ***A-B*** può, dunque, essere calcolato come segue:

$$CS = \frac{S_y}{\sigma_{Mf\_max}} = \frac{700}{19} = 36,84 \tag{1.14}$$

Calcolo delle tensioni nel punto *C*

Poiché la sezione è rettangolare le tensioni devono essere calcolate nei due punti ***1*** e ***2*** indicati in Fig. 1.17 dove le tensioni $\boldsymbol{\tau}$ da momento torcente assumono i loro valori massimi. Per il calcolo di $\boldsymbol{\tau_1}$ e $\boldsymbol{\tau_{max}}$ si deve fare riferimento ai valori dei parametri contenuti nella tabella di Fig.1.18 desumibili in funzione del rapporto $\frac{h}{b}$ che, per il caso in esame, vale $\boldsymbol{\frac{h}{b} = \frac{30}{5} = 6}$; dunque le tensioni vengono calcolate mediante le equazioni 1.15 e 1.16.

$$\begin{aligned} \tau_{T\_max\_1} &= \frac{3}{2} \cdot \frac{T}{A} = \frac{3}{2} \cdot \frac{1.000}{30 \cdot 5} = 10\text{MPa} \\ \tau_{Mt\_max\_1} &= \frac{M_t}{W_t} = \frac{M_t}{\eta_2 \cdot b^2 \cdot h} = \frac{50.000}{0,299 \cdot 5^2 \cdot 30} = 223\text{MPa} \\ \sigma_{Mf\_max\_1} &= 0\text{MPa} \end{aligned} \tag{1.15}$$

$$\begin{aligned} \tau_{T\_max\_2} &= 0\text{MPa} \\ \tau_{Mt\_max\_2} &= \eta_1 \cdot \tau_{Mt\_max\_1} = 0.743 \cdot 223 = 166\text{MPa} \\ \sigma_{Mf\_max\_2} &= \frac{M_f}{W_f} = \frac{6 \cdot M_f}{b \cdot h^2} = \frac{6 \cdot 100.000}{5 \cdot 30^2} = 133\text{MPa} \end{aligned} \tag{1.16}$$

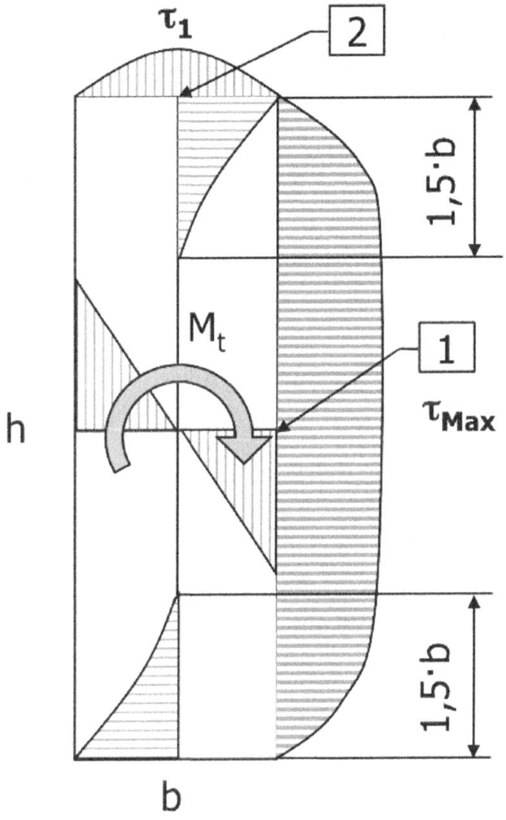

Figura 1.17: Andamento tensioni τ da momento torcente.

$\frac{h}{b}$	1	1.5	2	3	4	6	8	10	∞
η_1	1	0.858	0.796	0.753	0.743	0.743	0.743	0.743	0.743
η_2	0.208	0.231	0.246	0.267	0.282	0.299	0.307	0.313	0.333
η_3	0.14	0.196	0.229	0.263	0.281	0.299	0.307	0.313	0.333

Figura 1.18: Valori delle costanti η_1, η_2 ed η_3 in funzione di $\frac{h}{b}$.

La tensione ideale secondo ***Von Mises*** può, dunque, essere calcolata nei due punti come segue:

$$\begin{aligned}\sigma_{eq\_1} &= \sqrt{(\sigma_{Mf\_max\_1})^2 + 3 \cdot (\tau_{T\_max\_1} + \tau_{Mt\_max\_1})^2} = \\ &= \sqrt{(0)^2 + 3 \cdot (10 + 223)^2} = 404\text{MPa}\end{aligned} \quad (1.17)$$

$$\begin{aligned}\sigma_{eq\_2} &= \sqrt{(\sigma_{Mf\_max\_2})^2 + 3 \cdot (\tau_{T\_max\_2} + \tau_{Mt\_max\_2})^2} = \\ &= \sqrt{(133)^2 + 3 \cdot (0 + 166)^2} = 317\text{MPa}\end{aligned} \quad (1.18)$$

Il coefficiente di sicurezza minimo nel tratto ***B-C*** risulta, dunque, pari a:

$$CS = \frac{S_y}{\sigma_{eq}} = \frac{700}{404} = 1,73 \quad (1.19)$$

Calcolo delle tensioni nel punto *D*

Poiché la sezione è circolare le tensioni possono essere calcolate nel modo seguente:

$$\begin{aligned}\tau_{T\_max} &= \frac{4}{3} \cdot \frac{T}{A} = \frac{4}{3} \cdot \frac{4 \cdot T}{\pi \cdot d^2} = \frac{4}{3} \cdot \frac{4 \cdot 1.000}{\pi \cdot 30^2} = 2\text{MPa} \\ \sigma_{Mf\_max} &= \pm\frac{M_f}{W_f} \pm \frac{32 \cdot Mt}{\pi \cdot d^3} = \pm\frac{32 \cdot 250.000}{\pi \cdot 30^3} = \pm 94\text{MPa} \\ \tau_{Mt\_max} &= \frac{M_t}{W_t} = \frac{16 \cdot Mt}{\pi \cdot d^3} = \frac{16 \cdot 100.000}{\pi \cdot 30^3} = 19\text{MPa}\end{aligned} \quad (1.20)$$

La tensione $\boldsymbol{\tau_{T\_max}}$ di taglio è trascurabile rispetto alla tensione $\boldsymbol{\sigma_{Mf\_max}}$ anche perché agisce su di un elemento dove $\boldsymbol{\sigma = 0}$. La tensione ideale secondo ***Von Mises*** può, dunque, essere calcolata come segue:

$$\begin{aligned}\sigma_{eq} &= \sqrt{(\sigma_{Mf\_max})^2 + 3 \cdot (\tau_{Mt\_max})^2} = \\ &= \sqrt{94^2 + 3 \cdot 19^2} = 100\text{MPa}\end{aligned} \quad (1.21)$$

Il coefficiente di sicurezza minimo nel tratto ***C-D*** risulta, dunque, calcolato come segue:

$$CS = \frac{S_y}{\sigma_{eq}} = \frac{700}{100} = 7,00 \quad (1.22)$$

Perciò il coefficiente di sicurezza minimo dell'intera struttura risulta ***CS=1,73*** come desumibile dall'Eq. 1.19.

1.3 Esercizio 3

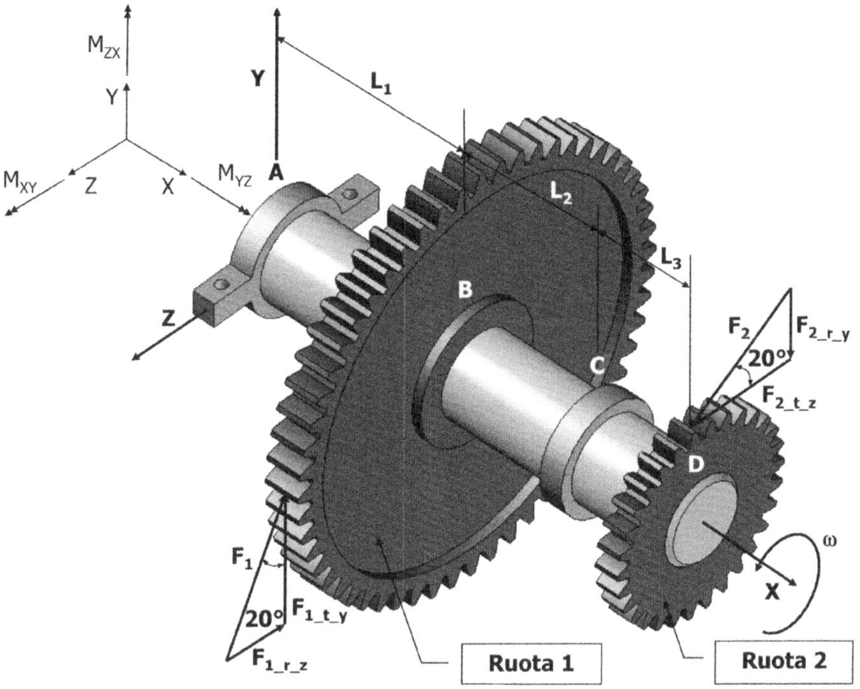

Figura 1.19: Disegno dell'albero

Data la configurazione dell'albero di Fig. 1.19, definire l'intero schema delle forze, calcolare le reazioni vincolari e disegnare i diagrammi delle sollecitazioni note le dimensioni $L_1=60mm$, $L_2=40mm$, $L_3=30mm$, $D_{1\_p}=120mm$, $D_{2\_p}=60mm$, le forza $F_1=300N$ e l'angolo di pressione delle ruote dentate $\theta=20°$. Considerare un vincolo di cerniera in ***A***, di carrello in ***C*** e le forze tangenziali e radiali applicate alle ruote dentate giacenti su piani tra loro ortogonali e paralleli ai piani ***X-Y*** e ***Z-X***. Definire il punto più sollecitato dell'albero e calcolare il coefficiente di sicurezza rispetto ad una rottura per fatica a 10^6 cicli supponendo che nel punto più sollecitato vi sia un diametro $d=15mm$, un $K_{ff}=2,1$ ed un $K_{ft}=1,9$. Considerare l'albero costruito in ***acciaio lavorato alla macchina utensile*** con $S_u=800MPa$ ed $S_y=600MPa$.

Soluzione

Noto l'angolo di pressione ed il valore di $\boldsymbol{F_1}$ è possibile immediatamente calcolare la componente tangenziale $\boldsymbol{F_{1\_t\_y}}$ e quella radiale $\boldsymbol{F_{1\_r\_z}}$ di $\boldsymbol{F_1}$ date rispettivamente da:

$$\begin{aligned} F_{1\_t\_y} &= F_1 \cdot \cos\theta = 300 \cdot \cos 20^\circ = 282\text{N} \\ F_{1\_r\_z} &= F_1 \cdot \sin\theta = 300 \cdot sin 20^\circ = 103\text{N} \end{aligned} \tag{1.23}$$

La componente tangenziale di $\boldsymbol{F_1}$ ($\boldsymbol{F_{1\_t\_y}}$) genera un momento torcente che agisce sull'albero tra la ***ruota dentata 1*** e la ***ruota dentata 2*** che vale:

$$M_1 = F_{1\_t\_y} \cdot \frac{D_{1\_p}}{2} = 282 \cdot \frac{120}{2} = 16,92\text{Nm} \tag{1.24}$$

La forza tangenziale $\boldsymbol{F_{2\_t\_z}}$ agente sulla ***ruota dentata 2*** vale perciò:

$$F_{2\_t\_z} = \frac{M_1 \cdot 2}{D_{1\_p}} = \frac{16.920 \cdot 2}{60} = 564\text{N} \tag{1.25}$$

Conseguentemente si determinano anche la componente radiale $\boldsymbol{F_{2\_r\_y}}$ di $\boldsymbol{F_2}$ e la $\boldsymbol{F_2}$ medesima.

$$\begin{aligned} F_{2\_r\_y} &= F_{2\_t\_z} \cdot \tan\theta = 564 \tan 20^\circ = 205\text{N} \\ F_2 &= \frac{F_{2\_t\_z}}{\cos\theta} = \frac{564}{\cos 20^\circ} = 600\text{N} \end{aligned} \tag{1.26}$$

Si passa ora alla determinazione delle reazioni vincolari agenti sull'albero per disegnare, successivamente, i diagrammi delle sollecitazioni. Si considera lo schema strutturale riferito prima al piano ***X-Y*** e poi al piano ***Z-X***. Considerando lo schema di Fig. 1.20 ed ipotizzando per le reazioni nei vincoli ***A*** e ***C*** i versi in essa rappresentati concordemente al sistema di riferimento, si possono scrivere le equazioni di equilibrio alla traslazione verticale, orizzontale e alla rotazione, ad esempio, attorno al punto ***A***.

$$\begin{cases} X_A = 0 \\ Y_C + Y_A + F_{1\_t\_y} - F_{2\_r\_y} = 0 \\ F_{1\_t\_y} \cdot L_1 + Y_C \cdot (L_2 + L_1) - F_{2\_r\_y} \cdot (L_3 + L_2 + L_1) = 0 \end{cases} \tag{1.27}$$

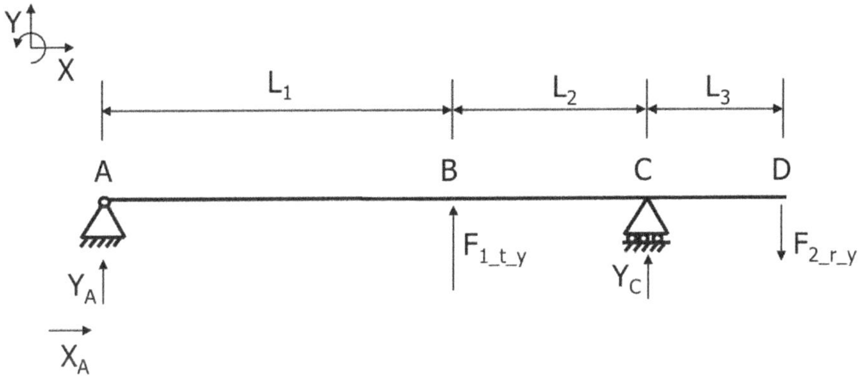

Figura 1.20: Schema strutturale dei vincoli e dei carichi nel piano ***X*-*Y***

Risolvendo il sistema di Eq. 1.27 si ottengono le seguenti reazioni vincolari:

$$\begin{cases} X_A = 0 \\ Y_C = \frac{F_{2\_r\_y} \cdot (L_3 + L_2 + L_1) - F_{1\_t\_y} \cdot L_1}{(L_2 + L_1)} = \frac{205 \cdot 130 - 282 \cdot 60}{100} = 97\text{N} \\ Y_A = F_{2\_r\_y} - F_{1\_t\_y} - Y_C = 205 - 282 - 97 = -174\text{N} \end{cases} \quad (1.28)$$

Il risultato relativo a $\boldsymbol{Y_A}$ indica che il verso ipotizzato è errato e che tale vincolo fornisce una reazione diretta verso il basso come riportato in Fig. 1.21.

Di seguito si disegnano i diagrammi delle sollecitazioni agenti in questo piano omettendo il diagramma dello sforzo normale che è nullo. Per convenzione si considerano positive le reazioni concordi a quelle rappresentate sul concio di trave di Fig. 1.22. Il diagramma del momento flettente si disegna dalla parte delle fibre tese con pendenza negativa ancorché il taglio, cioè la sua derivata $\left(\boldsymbol{T} = \frac{\mathbf{d}M}{\mathbf{d}x}\right)$ risulti positivo; dunque la pendenza del diagramma dei momenti si disegna sempre, per convenzione, con segno opposto a quello del taglio.

Si considera ora il piano ***Z*-*X***. Ipotizzando, anche in questo caso, per le reazioni nei vincoli ***A*** e ***C*** i versi rappresentati in Fig. 1.25 e supponendo positive le sollecitazioni dirette concordemente al sistema di riferimento considerato, si possono scrivere le equazioni di equilibrio alla traslazione verticale, orizzontale e alla rotazione ad esempio attorno al punto ***A***.

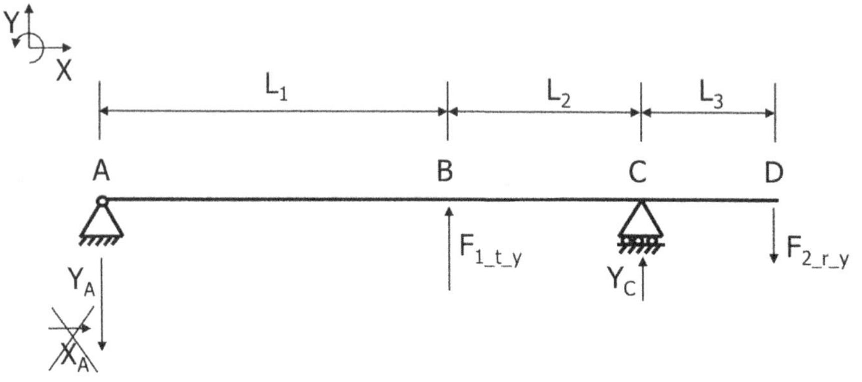

Figura 1.21: Schema strutturale dei vincoli e dei carichi nel piano ***X*-*Y***

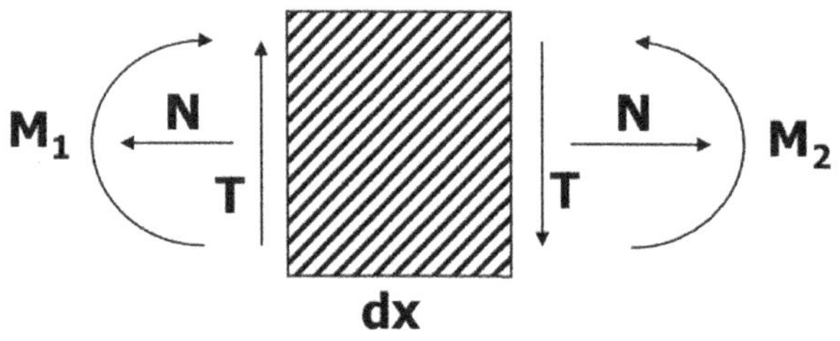

Figura 1.22: Convenzione sui segni

$$\begin{cases} X_A = 0 \\ Z_C + Z_A - F_{1\_r\_z} + F_{2\_t\_z} = 0 \\ F_{1\_r\_z} \cdot L_1 - Z_C \cdot (L_2 + L_1) - F_{2\_t\_z} \cdot (L_3 + L_2 + L_1) = 0 \end{cases} \tag{1.29}$$

Risolvendo il sistema di Eq. 1.29 si ottengono le seguenti reazioni vincolari:

$$\begin{cases} X_A = 0 \\ Z_C = \frac{F_{1\_r\_z} \cdot L_1 - F_{2\_t\_z} \cdot (L_3 + L_2 + L_1)}{(L_2 + L_1)} = \frac{103 \cdot 60 - 564 \cdot 130}{100} = -671\text{N} \\ Z_A = F_{1\_r\_z} - F_{2\_t\_z} - Z_C = 103 - 564 + 671 = 210\text{N} \end{cases} \tag{1.30}$$

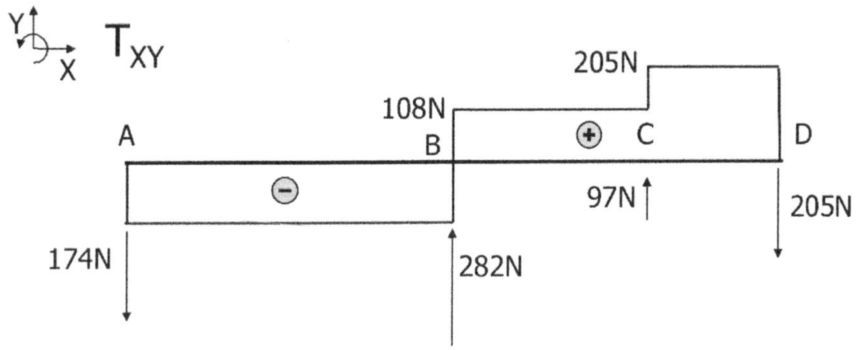

Figura 1.23: Diagramma del taglio nel piano $\boldsymbol{X}$-$\boldsymbol{Y}$

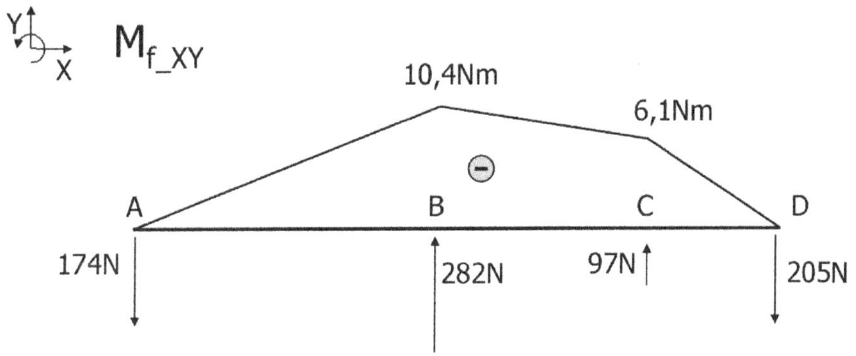

Figura 1.24: Diagramma del momento flettente nel piano $\boldsymbol{X}$-$\boldsymbol{Y}$

Il risultato relativo a $\boldsymbol{Z_C}$ indica che il verso ipotizzato è errato e che tale vincolo fornisce una reazione diretta verso il basso come riportato in Fig. 1.26.

Di seguito si disegnano i diagrammi delle sollecitazioni agenti in questo piano omettendo il diagramma dello sforzo normale che è nullo. Per convenzione si considerano positive le reazioni concordi a quelle rappresentate sul concio di trave di Fig. 1.22. Il diagramma del momento flettente si disegna dalla parte delle fibre tese con pendenza negativa ancorché il taglio, cioè la sua derivata $\left(\boldsymbol{T} = \frac{\mathrm{d}M}{\mathrm{d}x}\right)$ risulti positivo; dunque la pendenza del diagramma dei momenti si disegna sempre, per convenzione, con segno opposto a quello del taglio.

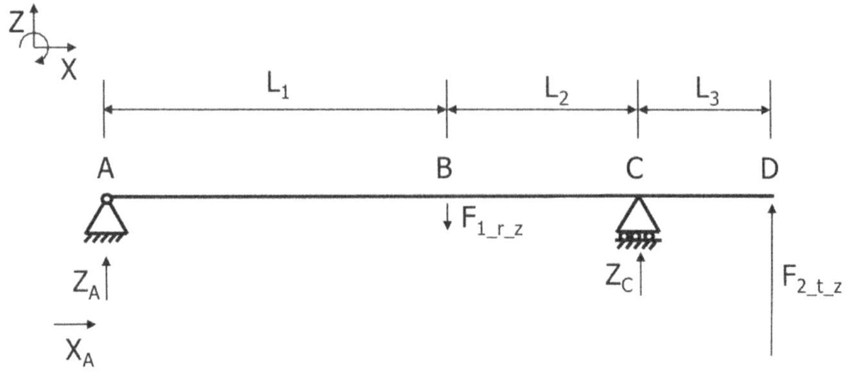

Figura 1.25: Schema strutturale dei vincoli e dei carichi nel piano ***Z-X***

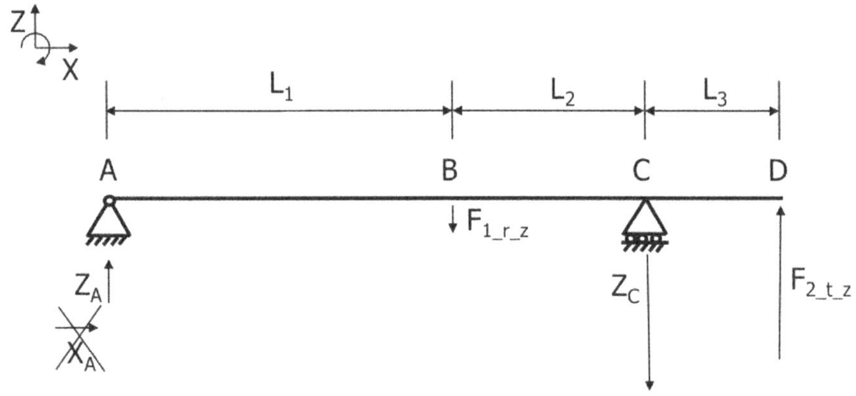

Figura 1.26: Schema strutturale dei vincoli e dei carichi nel piano ***Z-X***

In Fig. 1.29 è rappresento anche il diagramma del momento torcente che è diretto lungo l'asse ***X*** e risulta costante per qualunque piano contenente l'asse ***X*** stesso.

Per l'individuazione del punto più sollecitato dell'albero occorre costruire il diagramma del momento flettente risultante. Poiché, come indicato in Fig. 1.30, i diagrammi del momento flettente nei piani ***X-Y*** (diagramma in nero di Fig. 1.30) e ***Z-X*** (diagramma in grigio di Fig. 1.30) presentano due picchi in corrispondenza dei punti ***B*** (***10,4Nm e***

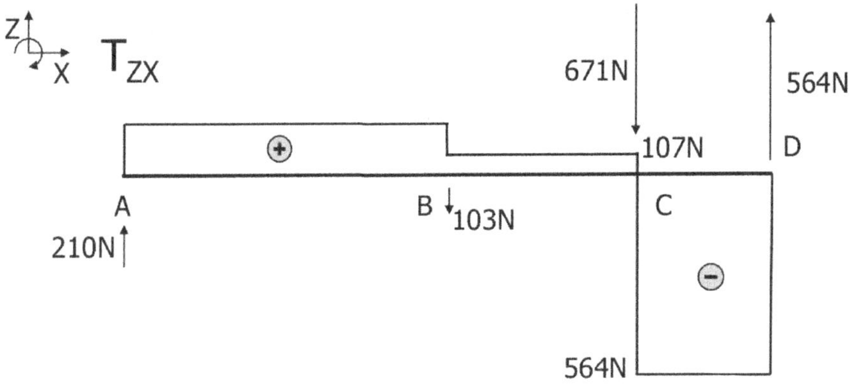

Figura 1.27: Diagramma del taglio nel piano ***Z-X***

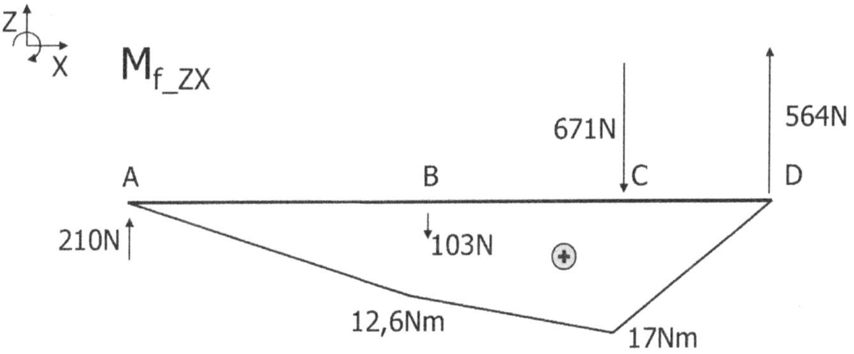

Figura 1.28: Diagramma del momento flettente nel piano ***Z-X***

12,6Nm) e ***C*** (***6,1Nm e 17Nm***), si calcolano i valori del momento flettente risultante solo nei suddetti punti, che risultano:

$$\begin{aligned} M_{f\_B\_tot} &= \sqrt{(M_{f\_B\_XY})^2 + (M_{f\_B\_ZX})^2} = \\ &= \sqrt{(10,4)^2 + (12,6)^2} = 16,34\text{Nm} \end{aligned} \tag{1.31}$$

$$\begin{aligned} M_{f\_C\_tot} &= \sqrt{(M_{f\_C\_XY})^2 + (M_{f\_C\_ZX})^2} = \\ &= \sqrt{(6,1)^2 + (17)^2} = 18,06\text{Nm} \end{aligned} \tag{1.32}$$

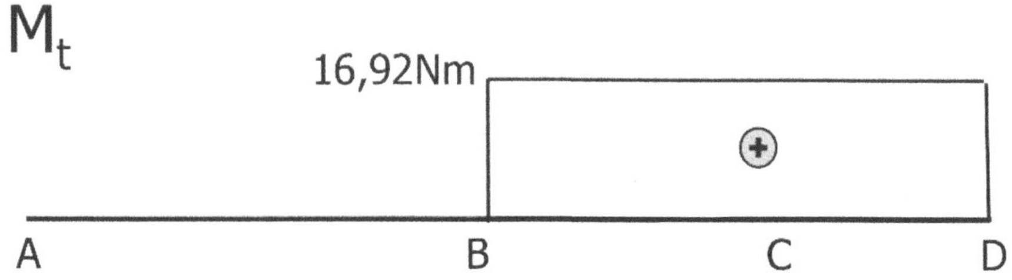

Figura 1.29: Diagramma del momento torcente

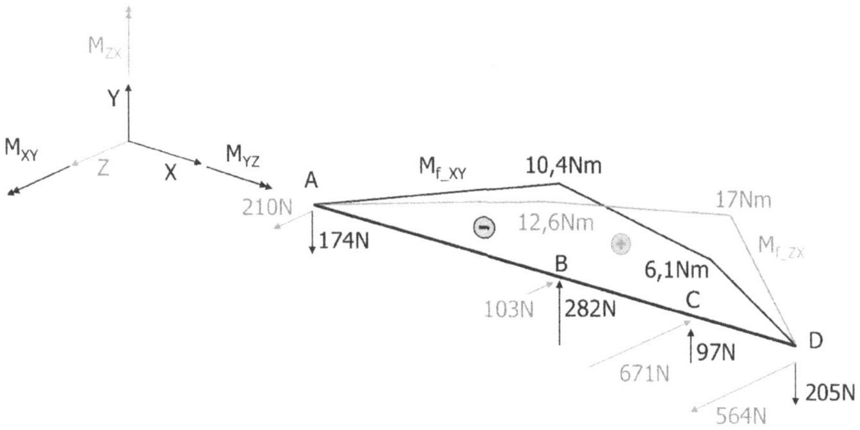

Figura 1.30: Diagrammi del momento flettente nei piani ***X*-*Y*** e ***Z*-*X***

Ne consegue che il punto dell'albero maggiormente sollecitato è ***C*** in cui agiscono un momento flettente $\boldsymbol{M_{f\_C\_tot}=18{,}06Nm}$ ed un momento torcente $\boldsymbol{M_t=16{,}92Nm}$. Sempre nel punto ***C*** agisce un taglio risultante pari a:

$$T_{C\_tot} = \sqrt{(T_{C\_XY})^2 + (T_{C\_ZX})^2} = \sqrt{(205)^2 + (564)^2} = 600\text{N} \quad (1.33)$$

Le tensioni interne al materiale sono, dunque, di tipo normale $\boldsymbol{\sigma}$ e di tipo tangenziale $\boldsymbol{\tau}$. La sollecitazione tangenziale $\boldsymbol{\tau}$ di taglio può, normalmente, essere trascurata sia perché risulta molto contenuta rispetto alle altre, sia perché il valore massimo viene raggiunto in un punto della sezione (l'asse baricentrico) in cui la tensione dovuta al momento flettente risulta nulla. Essendo la sezione circolare di diametro ***d=15mm*** le tensioni normali massime dovute alla flessione sono date dalla seguente relazione:

$$\sigma_{C\_Mf} = \pm \frac{32 \cdot M_{f\_C\_tot}}{\pi \cdot d^3} = \pm \frac{32 \cdot 18.060}{\pi \cdot 15^3} = \pm 55\text{MPa} \tag{1.34}$$

mentre le tensioni tangenziali massime dovute alla torsione sono date da:

$$\tau_{C\_Mt} = \frac{16 \cdot M_t}{\pi \cdot d^3} = \frac{16 \cdot 16.920}{\pi \cdot 15^3} = 26\text{MPa} \tag{1.35}$$

Il valore della tensione tangenziale massima dovuta al taglio risulta invece pari a:

$$\tau_{C\_T} = \frac{4 \cdot T_{C\_tot}}{3 \cdot A} = \frac{4 \cdot 4 \cdot 600}{3 \cdot \pi \cdot 15^2} = 5\text{MPa} \tag{1.36}$$

ovvero più di cinque volte inferiore rispetto a quella dovuta al momento torcente, dunque trascurabile.

Per il calcolo del coefficiente di sicurezza dell'albero nei confronti di una rottura per fatica a $\boldsymbol{10^6}$ cicli si deve tenere conto che la sollecitazione di momento flettente è variabile e, dunque, genera una tensione alterna rotante, mentre la sollecitazione di momento torcente è statica e, dunque, genera una tensione media costante. Inoltre tali tensioni devono essere amplificate mediante i fattori di concentrazione delle tensioni a fatica, $\boldsymbol{K_{ff}=2,1}$ e $\boldsymbol{K_{ft}=1,9}$, prima di eseguire il confronto con la tensione limite. Si calcolano, perciò, le tensioni reali mediante le seguenti formule:

$$\tau_{m\_t\_K} = \tau_{C\_Mt} \cdot K_{ft} = 26 \cdot 1,9 = 50\text{MPa} \tag{1.37}$$

$$\sigma_{a\_f\_K} = \sigma_{C\_Mf} \cdot K_{ff} = 55 \cdot 2,1 = 116\text{MPa} \tag{1.38}$$

A questo punto occorre comporre opportunamente le tensioni appena calcolate in modo da ottenere una tensione media equivalente del componente reale ($\boldsymbol{\sigma_{m\_eq\_K}}$) ed una alterna equivalente del componente reale ($\boldsymbol{\sigma_{a\_eq\_K}}$) che rappresentano la condizione di sollecitazione equivalente del materiale. Questo procedimento, eseguito ogni volta che in un punto della sezione di un componente agisce una combinazione di sollecitazioni (flessione, trazione, torsione e taglio), ha lo scopo di ridurre lo stato tensionale pluriassiale ad uno equivalente monoassiale per il quale sono note le caratteristiche di resistenza del materiale. Si determina pertanto la tensione media equivalente utilizzando il criterio della tensione massima principale:

$$\begin{aligned} \sigma_{m\_eq\_K} &= \frac{\sigma_{m\_f\_K}}{2} + \sqrt{\left(\frac{\sigma_{m\_f\_K}}{2}\right)^2 + \tau_{m\_t\_K}^2} = \\ &= \frac{0}{2} + \sqrt{\left(\frac{0}{2}\right)^2 + 50^2} = 50\text{MPa} \end{aligned} \tag{1.39}$$

e la tensione alternata equivalente utilizzando il criterio di Von Mises:

$$\begin{aligned} \sigma_{a\_eq\_K} &= \sqrt{\sigma_{a\_f\_K}^2 + 3 \cdot \tau_{a\_t\_K}^2} = \\ &= \sqrt{116^2 + 3 \cdot 0^2} = 116\text{MPa} \end{aligned} \tag{1.40}$$

Il passo successivo è la costruzione del diagramma di ***Haigh*** (Fig. 1.31) per $\boldsymbol{10^6}$ cicli nel quale si disegnano le due rette limite e la retta di funzionamento e se ne calcolano le intersezioni in modo da determinare il coefficiente di sicurezza della condizione di funzionamento considerata. Nel diagramma di ***Haigh*** di Fig. 1.31 il pedice ***f*** di $\boldsymbol{\sigma_{m\_f\_K}}$ e di $\boldsymbol{\sigma_{a\_f\_K}}$ sta ad indicare, appunto, la tensione ***di funzionamento***.

Per costruire il diagramma di ***Haigh*** si determina il limite di fatica a $\boldsymbol{10^6}$ cicli per il materiale in esame. Tale limite indicato con $\boldsymbol{S_{10^6}}$ o più semplicemente $\boldsymbol{S_n}$ vale:

$$S_n = S'_n \cdot C_L \cdot C_G \cdot C_S \tag{1.41}$$

dove $\boldsymbol{S'_n}$ è il limite a fatica a $\boldsymbol{10^6}$ cicli del provino liscio, lucidato a specchio e di **10mm** di diametro (se non si possiedono i dati sperimentali sul materiale si può assumere $\boldsymbol{S'_n=0{,}5\cdot S_u}$), $\boldsymbol{C_L}$ è il fattore di carico (secondo la tabella di Fig. 1.32), $\boldsymbol{C_G}$ il fattore del gradiente di tensione (sempre secondo la tabella di Fig. 1.32), $\boldsymbol{C_S}$ il fattore di finitura superficiale (secondo il grafico di Fig. 1.33).

Per la porzione di albero considerata di dimensioni $\boldsymbol{d=15mm}$, realizzato in ***acciaio lavorato alla macchina utensile*** con $\boldsymbol{S_u=800MPa}$ e $\boldsymbol{S_y=600MPa}$ si ottiene:

$$S_n = 0{,}5 \cdot S_u \cdot C_L \cdot C_G \cdot C_S = 0{,}5 \cdot 800 \cdot 1 \cdot 0{,}9 \cdot 0{,}74 = 266\text{MPa} \tag{1.42}$$

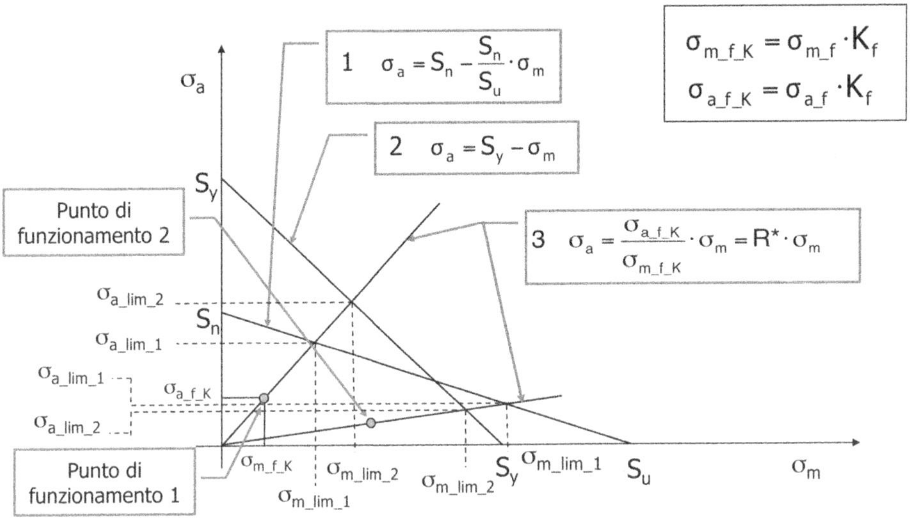

Figura 1.31: Diagramma di Haigh

	Flessione	Trazione	Torsione
C_L (fattore di carico)	1	1	0,58
C_G (fattore per il gradiente di tensione)			
diametro: d < 10mm	1	da 0,7 a 0,9	1
diametro: 10mm < d < 50mm	0,9	da 0,7 a 0,9	0,9

[1] Per materiali che non mostrino un limite di fatica, applicare i fattori alla resistenza per 10^8 o per $5x10^8$ cicli.
[2] Se 50mm<d<100mm ridurre questi fattori di circa 0,1. Se 100mm<d<150mm ridurre questi fattori di circa 0,2.
[3] Usualmente non vengono applicate correzioni per il gradiente di tensione o per lo stato superficiale, ma i valori sperimentali di S_U o di S_{US} dovrebbero riferirsi a dimensioni abbastanza prossime a quelle in esame.
[4] S_{US}=0,8 S_U per gli acciai, S_{US}=0,7 S_U per gli altri materiali.

Figura 1.32: Coefficienti C_L e C_G

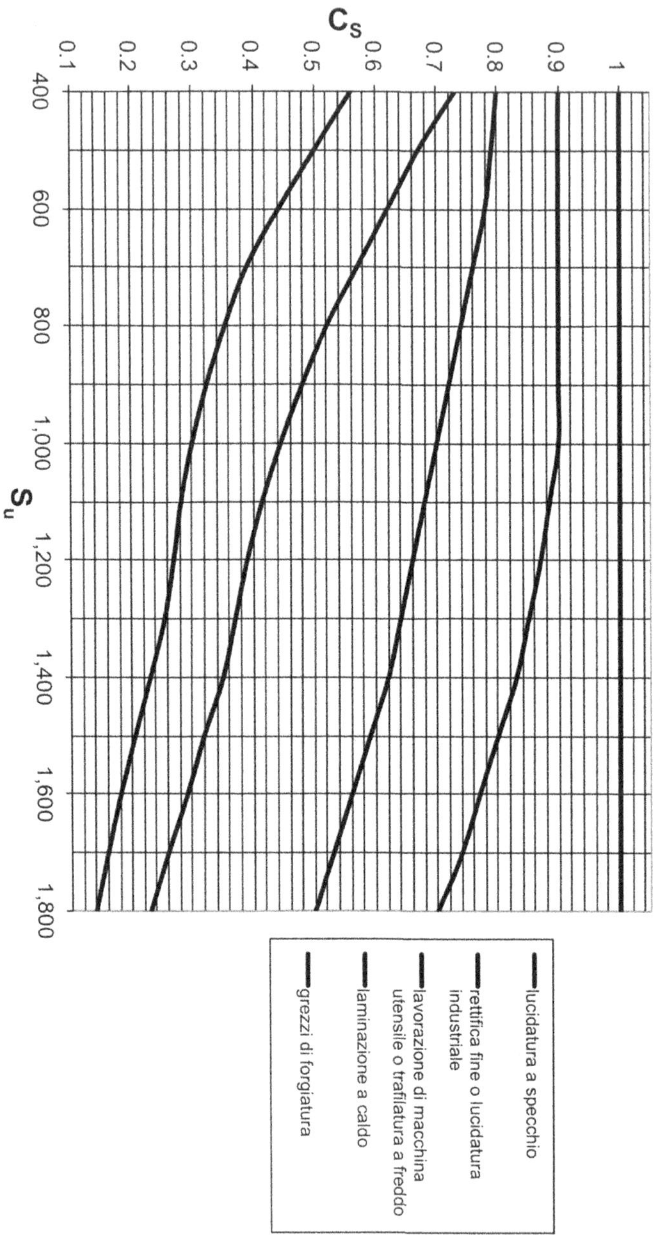

Figura 1.33: Grafico del coefficiente C_S

L'equazione della retta 1, della retta 2 e del della retta 3 riportate nel diagramma di Fig. 1.31 sono le seguenti:

$$\begin{array}{ll} \text{retta 1} & \sigma_a = S_n - \frac{S_n}{S_u} \cdot \sigma_m \\ \text{retta 2} & \sigma_a = S_y - \sigma_m \\ \text{retta 3} & \sigma_a = R^* \cdot \sigma_m \end{array} \tag{1.43}$$

Il rapporto tra le sollecitazioni $\boldsymbol{R^*}$ è pari a:

$$R^* = \frac{\sigma_{a\_eq\_K}}{\sigma_{m\_eq\_K}} = \frac{116}{50} = 2,32 \tag{1.44}$$

Si può quindi costruire il diagramma di ***Haigh*** di Fig. 1.31 e calcolare il coefficiente di sicurezza supponendo che il componente giunga a rottura mantenendo costante $\boldsymbol{R^*}$ e che dunque i limiti di funzionamento si trovino nelle intersezioni tra ***la retta 1 e la retta 3*** o tra ***la retta 2 e la retta 3***; naturalmente si sceglierà il punto con i valori limite più bassi. Il coefficiente di sicurezza sarà dato, dunque, da:

$$CS = \min \left\{ \frac{\sigma_{a\_lim\_1}}{\sigma_{a\_eq\_K}}; \frac{\sigma_{a\_lim\_2}}{\sigma_{a\_eq\_K}} \right\} \tag{1.45}$$

dove:

$$\sigma_{a\_lim\_1} = \frac{S_n}{1 + \frac{S_n}{S_u \cdot R^*}} = \frac{266}{1 + \frac{266}{800 \cdot 2,32}} = 232\text{MPa} \tag{1.46}$$

$$\sigma_{a\_lim\_2} = \frac{S_y}{1 + \frac{1}{R^*}} = \frac{600}{1 + \frac{1}{2,32}} = 419\text{MPa} \tag{1.47}$$

Il coefficiente di sicurezza risulta perciò pari a:

$$CS = \min \left\{ \frac{232}{116}; \frac{419}{116} \right\} = \min \{2; 3,61\} = 2 \tag{1.48}$$

1.4 Esercizio 4

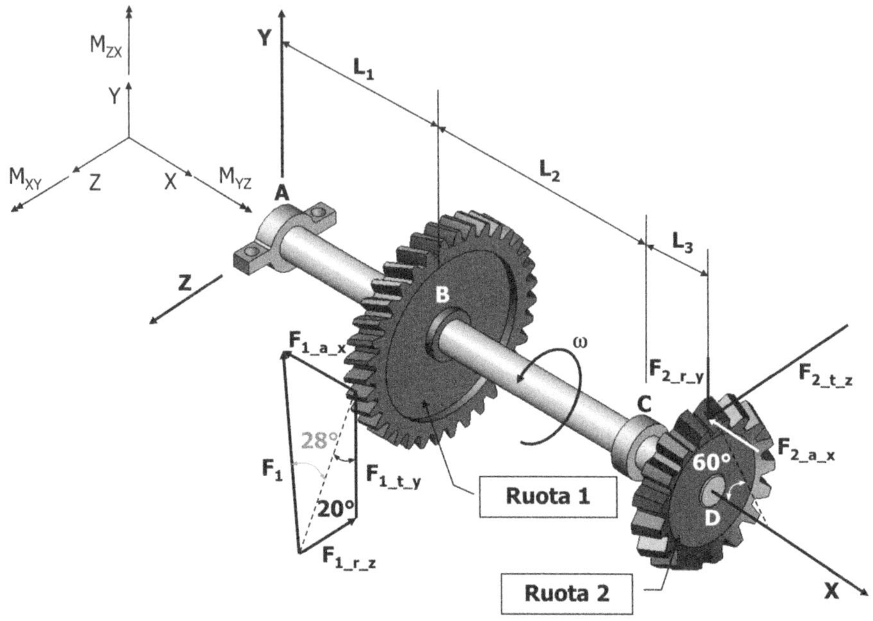

Figura 1.34: Disegno dell'albero

Data la configurazione dell'albero di Fig. 1.34, definire l'intero schema delle forze, calcolare le reazioni vincolari e disegnare i diagrammi delle sollecitazioni note le dimensioni $\boldsymbol{L_1=160mm}$, $\boldsymbol{L_2=200mm}$, $\boldsymbol{L_3=80mm}$, $\boldsymbol{D_{1\_p}=400mm}$, $\boldsymbol{D_{2\_p\_m}=364mm}$, le velocità di rotazione dell'albero $\boldsymbol{n=300\frac{giri}{min}}$, la potenza in ingresso applicata alla ***ruota 2***, $\boldsymbol{P=62{,}83kW}$, l'angolo di pressione delle ruote dentate $\boldsymbol{\theta=20°}$, l'angolo di inclinazione dell'elica della ***ruota 1*** $\boldsymbol{\alpha_f=28°}$ e l'angolo di semi apertura del cono della ***ruota 2*** $\boldsymbol{\phi_2=60°}$. Considerare un vincolo di cerniera in ***A***, di carrello in ***C*** e le forze tangenziali, radiali e assiali applicate alle ruote dentate giacenti su piani ***X-Y***, ***Y-Z*** e ***Z-X*** secondo lo schema indicato in Fig. 1.34. Definire il punto più sollecitato dell'albero e calcolare il coefficiente di sicurezza rispetto ad una rottura per fatica a $\boldsymbol{10^6}$ cicli supponendo che nel punto più sollecitato vi sia un diametro $\boldsymbol{d=40mm}$, un $\boldsymbol{K_{ff}=1{,}6}$ ed un $\boldsymbol{K_{ft}=1{,}4}$. Considerare l'albero costruito in ***acciaio lucidato a specchio*** con $\boldsymbol{S_u=1.200MPa}$ ed $\boldsymbol{S_y=1.000MPa}$.

Soluzione

Nota la potenza e la velocità dell'albero è possibile calcolare il momento torcente mediante la seguente formula:

$$M_t = \frac{P}{\omega} = \frac{P \cdot 30}{\pi \cdot n} = \frac{62.830 \cdot 30}{\pi \cdot 300} = 2.000\text{Nm} \tag{1.49}$$

La forza tangenziale di ingresso $\boldsymbol{F_{2\_t\_z}}$, agente sulla ***ruota conica 2*** di diametro $\boldsymbol{D_{2\_p\_m}}$***=364mm***, e la forza in uscita $\boldsymbol{F_{1\_t\_y}}$, agente sulla ruota cilindrica di raggio $\boldsymbol{D_{1\_p}}$***=400mm***, possono essere, perciò, calcolate come segue:

$$F_{2\_t\_z} = \frac{2 \cdot M_t}{D_{2\_p\_m}} = \frac{2 \cdot 2.000.000}{364} = 10.990\text{N} \tag{1.50}$$

$$F_{1\_t\_y} = \frac{2 \cdot M_t}{D_{1\_p}} = \frac{2 \cdot 2.000.000}{400} = 10.000\text{N} \tag{1.51}$$

È possibile, a questo punto, ricavare i valori delle altre forze agenti sull'albero come segue:

$$\begin{aligned} F_{2\_r\_y} &= F_{2\_t\_z} \cdot \tan(\theta) \cdot \cos(\phi_2) = \\ &= 10.990 \cdot \tan(20°) \cdot \cos(60°) = 2.000\text{N} \end{aligned} \tag{1.52}$$

$$\begin{aligned} F_{2\_a\_x} &= F_{2\_t\_z} \cdot \tan(\theta) \cdot \sin(\phi_2) = \\ &= 10.990 \cdot \tan(20°) \cdot \sin(60°) = 3.464\text{N} \end{aligned} \tag{1.53}$$

$$F_{1\_r\_z} = F_{1\_t\_y} \cdot \tan(\theta) = 10.000 \cdot \tan(20°) = 3.640\text{N} \tag{1.54}$$

$$F_{1\_a\_x} = F_{1\_t\_y} \cdot \frac{\tan(\alpha_f)}{\cos(\theta)} = 10.000 \cdot \frac{\tan(28°)}{\cos(20°)} = 5.659\text{N} \tag{1.55}$$

Si passa ora alla determinazione delle reazioni vincolari agenti sull'albero per disegnare, successivamente, i diagrammi delle sollecitazioni. Si considera lo schema strutturale riferito prima al piano ***X-Y*** e poi al

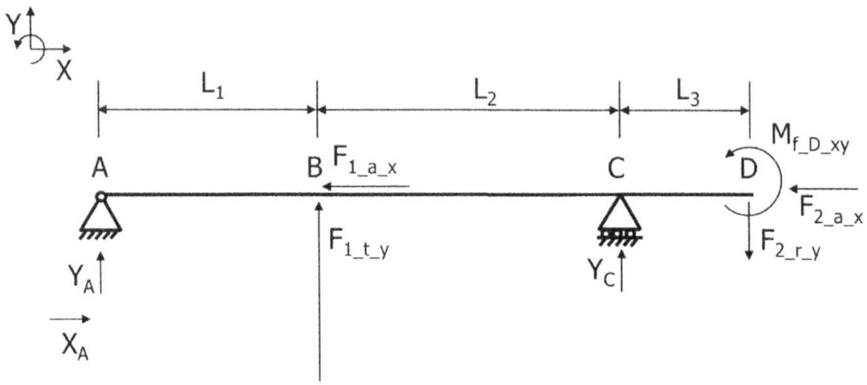

Figura 1.35: Schema strutturale dei vincoli e dei carichi nel piano ***X-Y***

piano ***Z-X***. Considerando lo schema di Fig. 1.35 ed ipotizzando per le reazioni nei vincoli ***A*** e ***C*** i versi in essa rappresentati concordemente al sistema di riferimento, si possono scrivere le equazioni di equilibrio alla traslazione verticale, orizzontale e alla rotazione ad esempio attorno al punto ***A***, tenendo presente che la forza assiale $\boldsymbol{F_{2\_a\_x}}$ applicata alla ***ruota 2*** produce un momento concentrato nel punto ***D*** indicato con $\boldsymbol{M_{f_D_xy}= F_{2_a_x} \cdot \frac{D_{2_p_m}}{2} = 3.464 \cdot \frac{364}{2} = 630}$Nm.

$$\begin{cases} X_A - F_{1\_a\_x} - F_{2\_a\_x} = 0 \\ Y_C + Y_A + F_{1\_t\_y} - F_{2\_r\_y} = 0 \\ F_{1\_t\_y} \cdot L_1 + Y_C \cdot (L_2 + L_1) - F_{2\_r\_y} \cdot (L_3 + L_2 + L_1) + M_{f\_D\_xy} = 0 \end{cases} \tag{1.56}$$

Risolvendo il sistema di Eq. 1.27 si ottengono le seguenti reazioni vincolari:

$$\begin{cases} X_A & = 5.659 + 3.464 = 9.123\text{N} \\ Y_C & = \frac{F_{2\_r\_y} \cdot (L_3 + L_2 + L_1) - F_{1\_t\_y} \cdot L_1 - M_{f\_D\_xy}}{(L_2 + L_1)} = \\ & = \frac{2.000 \cdot 440 - 10.000 \cdot 160 - 630.000}{360} = -3.750\text{N} \\ Y_A & = F_{2\_r\_y} - F_{1\_t\_y} - Y_C = \\ & = 2.000 - 10.000 + 3.750 = -4.250\text{N} \end{cases} \tag{1.57}$$

Il risultato relativo a $\boldsymbol{Y_A}$ e a $\boldsymbol{Y_C}$ indica che il verso ipotizzato è errato e che tali vincoli forniscono reazioni dirette verso il basso come riportato in Fig. 1.36.

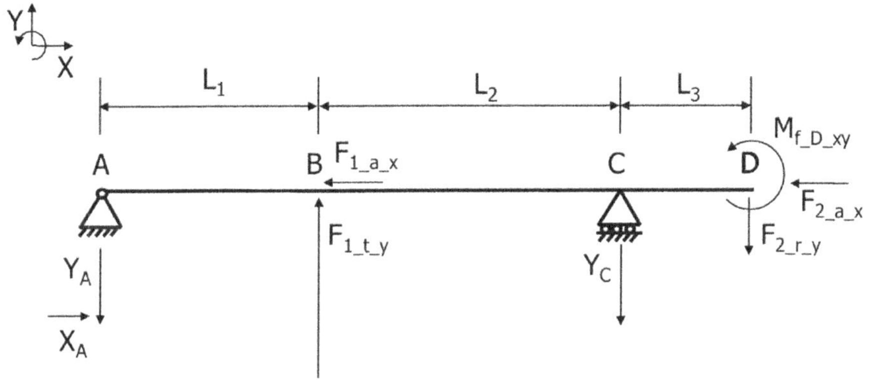

Figura 1.36: Schema strutturale dei vincoli e dei carichi nel piano $\boldsymbol{X}$-$\boldsymbol{Y}$

Di seguito si disegnano i diagrammi delle sollecitazioni agenti in questo piano. Per convenzione si considerano positive le reazioni concordi a quelle rappresentate sul concio di trave di Fig. 1.37. Il diagramma del momento flettente si disegna dalla parte delle fibre tese con pendenza negativa ancorché il taglio, cioè la sua derivata $\left(\boldsymbol{T} = \frac{\mathrm{d}M}{\mathrm{d}x}\right)$ risulti positivo; dunque la pendenza del diagramma dei momenti si disegna sempre, per convenzione, con segno opposto a quello del taglio.

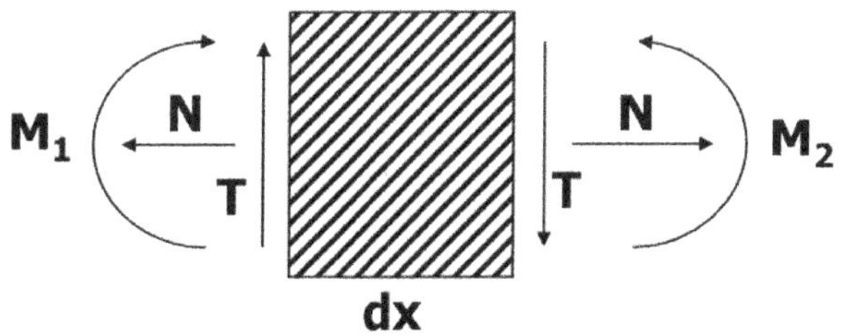

Figura 1.37: Convenzione sui segni

Si considera ora il piano $\boldsymbol{Z}$-$\boldsymbol{X}$. Ipotizzando, anche in questo caso, per le reazioni nei vincoli $\boldsymbol{A}$ e $\boldsymbol{C}$ i versi rappresentati in Fig. 1.40, si possono

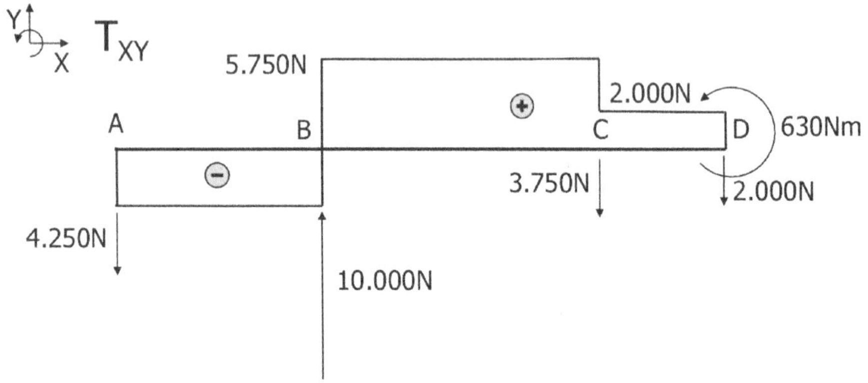

Figura 1.38: Diagramma del taglio nel piano ***X-Y***

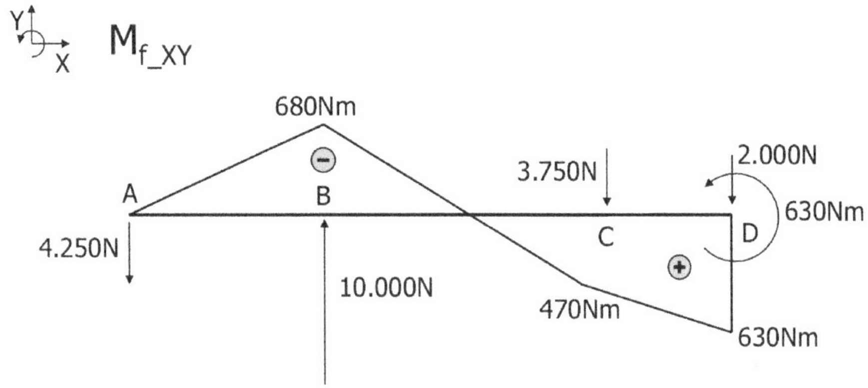

Figura 1.39: Diagramma del momento flettente nel piano ***X-Y***

scrivere le equazioni di equilibrio alla traslazione verticale, orizzontale e alla rotazione ad esempio attorno al punto ***A*** tenendo presente che la forza assiale $\boldsymbol{F_{1\_a\_x}}$ applicata alla ***ruota 1*** produce un momento concentrato nel punto ***B*** indicato con $\boldsymbol{M_{f\_B\_zx}} = \boldsymbol{F_{1\_a\_x}} \cdot \frac{\boldsymbol{D_{1\_p}}}{\boldsymbol{2}} = \mathbf{5.659} \cdot \frac{\mathbf{400}}{\mathbf{2}} =$ **1.132**Nm.

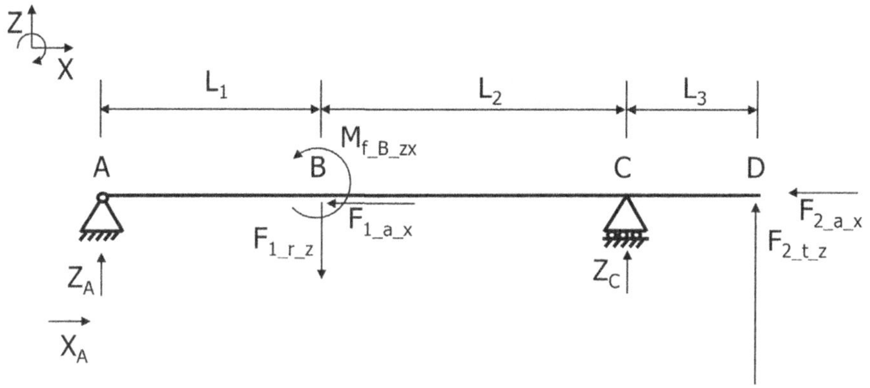

Figura 1.40: Schema strutturale dei vincoli e dei carichi nel piano ***Z-X***

$$\begin{cases} X_A - F_{1\_a\_x} - F_{2\_a\_x} = 0 \\ Z_C + Z_A - F_{1\_r\_z} + F_{2\_t\_z} = 0 \\ F_{1\_r\_z} \cdot L_1 - M_{f\_B\_zx} - Z_C \cdot (L_2 + L_1) - F_{2\_t\_z} \cdot (L_3 + L_2 + L_1) = 0 \end{cases} \tag{1.58}$$

Risolvendo il sistema di Eq. 1.58 si ottengono le seguenti reazioni vincolari:

$$\begin{cases} X_A & = 5.659 + 3.464 = 9.123\text{N} \\ Z_C & = \frac{F_{1\_r\_z} \cdot L_1 - M_{f\_B\_zx} - F_{2\_t\_z} \cdot (L_3 + L_2 + L_1)}{(L_2 + L_1)} = \\ & = \frac{3.640 \cdot 160 - 1.132.000 - 10.990 \cdot 440}{360} = -14.959\text{N} \\ Z_A & = F_{1\_r\_z} - F_{2\_t\_z} - Z_C = 3.640 - 10.990 + 14.959 = 7.609\text{N} \end{cases} \tag{1.59}$$

Il risultato relativo a $\boldsymbol{Z_C}$ indica che il verso ipotizzato è errato e che tale vincolo fornisce una reazione diretta verso il basso come riportato in Fig. 1.41.

Di seguito si disegnano i diagrammi delle sollecitazioni agenti in questo piano omettendo il diagramma dello sforzo normale che è nullo. Per convenzione si considerano positive le reazioni concordi a quelle rappresentate sul concio di trave di Fig. 1.37. Il diagramma del momento

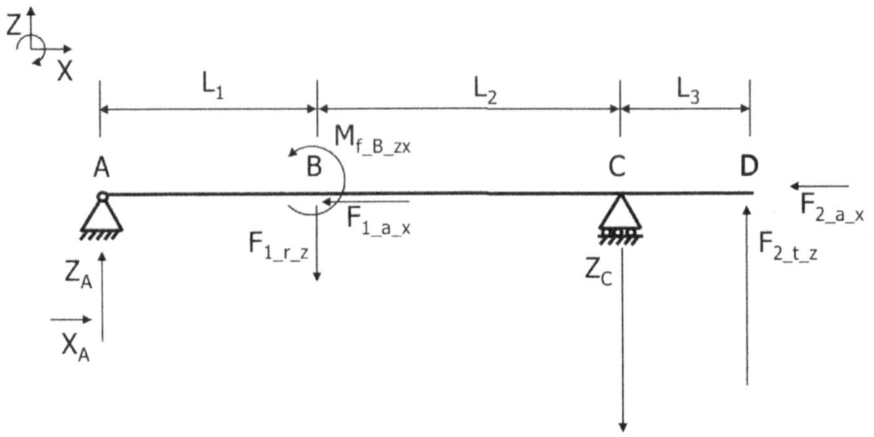

Figura 1.41: Schema strutturale dei vincoli e dei carichi nel piano ***Z*-*X***

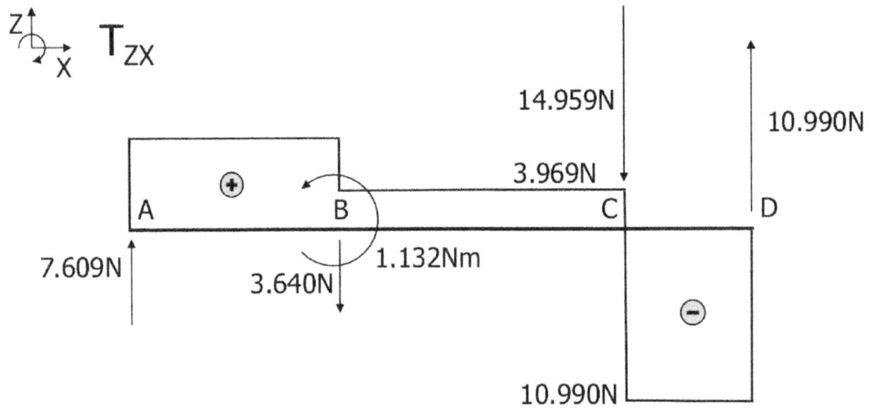

Figura 1.42: Diagramma del taglio nel piano ***Z*-*X***

flettente si disegna dalla parte delle fibre tese con pendenza negativa ancorché il taglio, cioè la sua derivata $\left(\boldsymbol{T} = \frac{\mathrm{d}M}{\mathrm{d}x}\right)$ risulti positivo; dunque la pendenza del diagramma dei momenti si disegna sempre, per convenzione, con segno opposto a quello del taglio.

Nelle Figg. 1.44 e 1.45 sono rappresenti anche i diagrammi dello sforzo normale e del momento torcente che sono diretti lungo l'asse $\boldsymbol{X}$ e

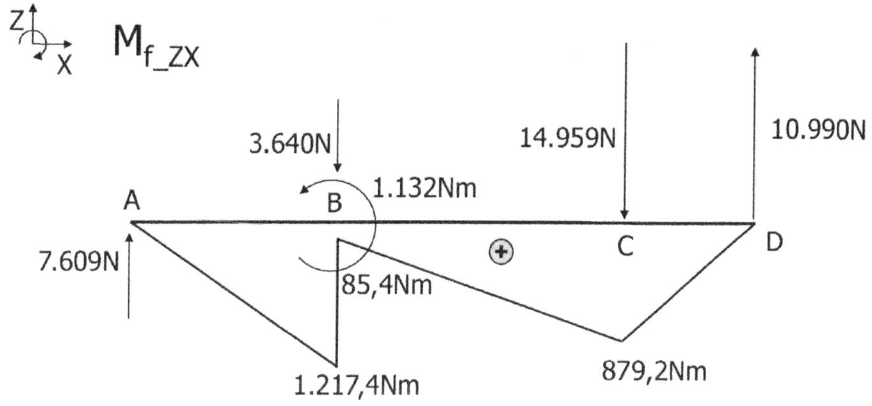

Figura 1.43: Diagramma del momento flettente nel piano ***Z-X***

risultano i medesimi per qualunque piano contenente l'asse ***X*** stesso.

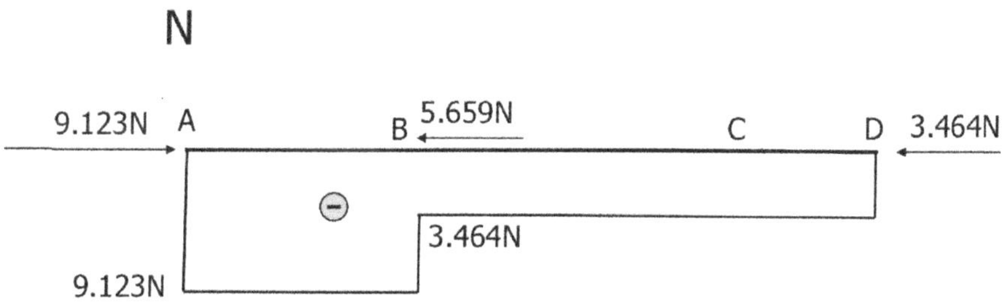

Figura 1.44: Diagramma dello sforzo normale nel piano ***X-Y***

Per l'individuazione del punto più sollecitato dell'albero occorre costruire il diagramma del momento flettente risultante. Poiché, come indicato in Fig. 1.46, i diagrammi del momento flettente nei piani ***X-Y*** (diagramma in nero di Fig. 1.46) e ***Z-X*** (diagramma in grigio di Fig. 1.46) presentano due picchi in corrispondenza dei punti ***B*** (***680Nm e 1.217,4Nm***) e ***C*** (***470Nm e 879,2Nm***), si calcolano i valori del momento flettente risultante solo nei suddetti punti, che risultano:

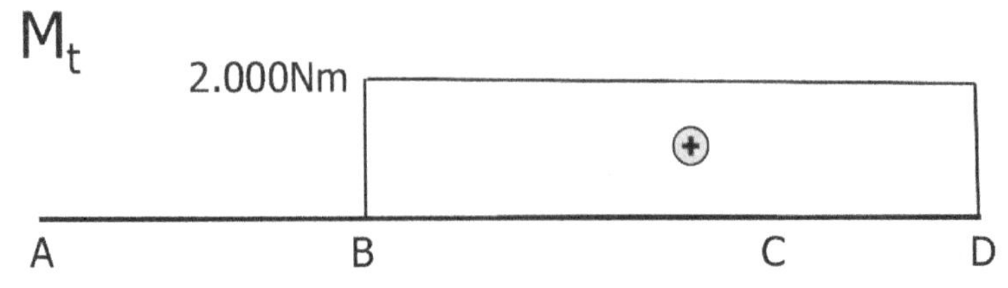

Figura 1.45: Diagramma del momento torcente

$$
\begin{aligned}
M_{f\_B\_tot} &= \sqrt{(M_{B\_XY})^2 + (M_{B\_ZX})^2} = \\
&= \sqrt{(680)^2 + (1.217,4)^2} = 1.394,44\text{Nm}
\end{aligned} \tag{1.60}
$$

$$
\begin{aligned}
M_{f\_C\_tot} &= \sqrt{(M_{C\_XY})^2 + (M_{C\_ZX})^2} = \\
&= \sqrt{(470)^2 + (879,2)^2} = 996,94\text{Nm}
\end{aligned} \tag{1.61}
$$

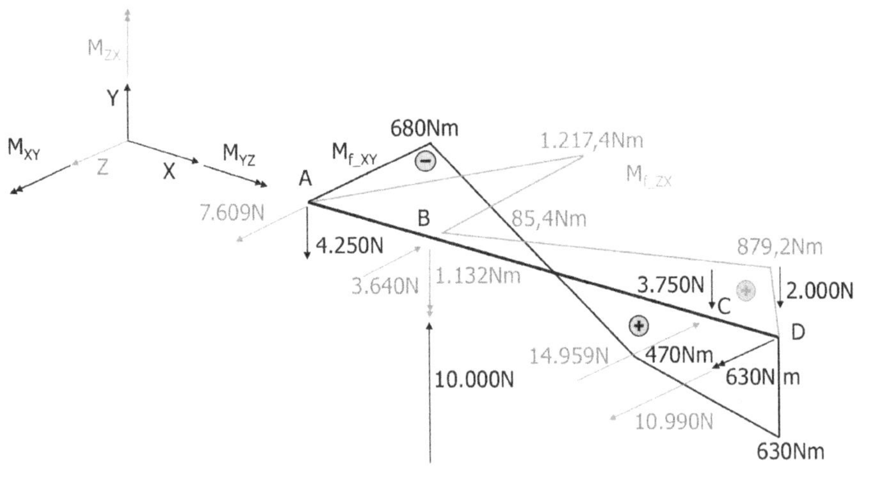

Figura 1.46: Diagrammi del momento flettente nei piani ***X-Y*** e ***Z-X***

Ne consegue che il punto dell'albero maggiormente sollecitato è ***B*** in cui agiscono un momento flettente $\boldsymbol{M_{f\_B\_tot}=1.394,44Nm}$ ed un momento torcente $\boldsymbol{M_t}$***=2.000Nm***. Sempre nel punto ***B*** agisce un taglio risultante pari a:

$$\begin{aligned} T_{B\_tot} &= \sqrt{(T_{B\_XY})^2 + (T_{B\_ZX})^2} = \\ &= \sqrt{(4.250)^2 + (7.609)^2} = 8.716\text{N} \end{aligned} \tag{1.62}$$

Le tensioni interne al materiale sono, dunque, di tipo normale $\boldsymbol{\sigma}$ e di tipo tangenziale $\boldsymbol{\tau}$. La sollecitazione tangenziale $\boldsymbol{\tau}$ di taglio può, normalmente, essere trascurata sia perché risulta molto contenuta, sia perché il valore massimo viene raggiunto in un punto della sezione (l'asse baricentrico) in cui la tensione dovuta al momento flettente risulta nulla. Anche la sollecitazione dovuta allo sforzo normale può essere trascurata sia perché molto contenuta rispetto a quelle da momento flettente e momento torcente, sia perché di tipo statico; il suo conntributo risulta, dunque, ininfluente per il calcolo del coefficiente di sicurezza. Essendo la sezione circolare di diametro ***d=40mm*** le tensioni normali massime dovute alla flessione sono date dalla seguente relazione:

$$\sigma_{B\_Mf} = \pm\frac{32 \cdot M_{f\_B\_tot}}{\pi \cdot d^3} = \pm\frac{32 \cdot 1.394.440}{\pi \cdot 40^3} = \pm 222\text{MPa} \tag{1.63}$$

mentre le tensioni massime dovute allo sforzo normale sono date da:

$$\sigma_{A\_N} = \frac{4 \cdot X_A}{\pi \cdot d^2} = \frac{4 \cdot 9.123}{\pi \cdot 40^2} = 7\text{MPa} \tag{1.64}$$

Le tensioni tangenziali massime dovute alla torsione sono, invece, date da:

$$\tau_{C\_Mt} = \frac{16 \cdot M_t}{\pi \cdot d^3} = \frac{16 \cdot 2000.000}{\pi \cdot 40^3} = 159\text{MPa} \tag{1.65}$$

mentre il valore della tensione tangenziale massima dovuta al taglio risulta pari a:

$$\tau_{C\_T} = \frac{4 \cdot T_{C\_tot}}{3 \cdot A} = \frac{4 \cdot 4 \cdot 8.716}{3 \cdot \pi \cdot 40^2} = 9\text{MPa} \tag{1.66}$$

Sia le tensioni generate dallo sforzo normale che quelle prodotte dalla sollecitazione di taglio sono, dunque, di un ordine di grandezza inferiore rispetto a quella dovuta al momento flettente e torcente.

Per il calcolo del coefficiente di sicurezza dell'albero nei confronti di una rottura per fatica a ***10⁶*** cicli si deve tenere conto che la sollecitazione di momento flettente è variabile e, dunque, genera una tensione alterna rotante, mentre la sollecitazione di momento torcente è statica e, dunque, genera una tensione media costante. Inoltre tali tensioni devono essere amplificate mediante i fattori di concentrazione delle tensioni a fatica, ***K_{ff}=1,6*** e ***K_{ft}=1,4***, prima di eseguire il confronto con la tensione limite. Si calcolano, perciò, le tensioni reali mediante le seguenti formule:

$$\tau_{m\_t\_K} = \tau_{C\_Mt} \cdot K_{ft} = 159 \cdot 1,4 = 223\text{MPa} \tag{1.67}$$

$$\sigma_{a\_f\_K} = \sigma_{C\_Mf} \cdot K_{ff} = 222 \cdot 1,6 = 355\text{MPa} \tag{1.68}$$

A questo punto occorre comporre opportunamente le tensioni appena calcolate in modo da ottenere una tensione media equivalente del componente reale ($\boldsymbol{\sigma_{m\_eq\_K}}$) ed una alterna equivalente del componente reale ($\boldsymbol{\sigma_{a\_eq\_K}}$) che rappresentano la condizione di sollecitazione equivalente del materiale. Questo procedimento, eseguito ogni volta che in un punto della sezione di un componente agisce una combinazione di sollecitazioni (flessione, trazione, torsione e taglio), ha lo scopo di ridurre lo stato tensionale pluriassiale ad uno equivalente monoassiale per il quale sono note le caratteristiche di resistenza del materiale. Si determina pertanto la tensione media equivalente utilizzando il criterio della tensione massima principale:

$$\begin{aligned} \sigma_{m\_eq\_K} &= \frac{\sigma_{m\_f\_K}}{2} + \sqrt{\left(\frac{\sigma_{m\_f\_K}}{2}\right)^2 + \tau^2_{m\_t\_K}} = \\ &= \frac{0}{2} + \sqrt{\left(\frac{0}{2}\right)^2 + 223^2} = 223\text{MPa} \end{aligned} \tag{1.69}$$

e la tensione alternata equivalente utilizzando il criterio di Von Mises:

$$\begin{aligned} \sigma_{a\_eq\_K} &= \sqrt{\sigma^2_{a\_f\_K} + 3 \cdot \tau^2_{a\_t\_K}} = \\ &= \sqrt{355^2 + 3 \cdot 0^2} = 355\text{MPa} \end{aligned} \tag{1.70}$$

Il passo successivo è la costruzione del diagramma di ***Haigh*** (Fig. 1.47) per ***10⁶*** cicli nel quale si disegnano le due rette limite e la retta di funzionamento e se ne calcolano le intersezioni in modo da determinare il coefficiente di sicurezza della condizione di funzionamento considerata.

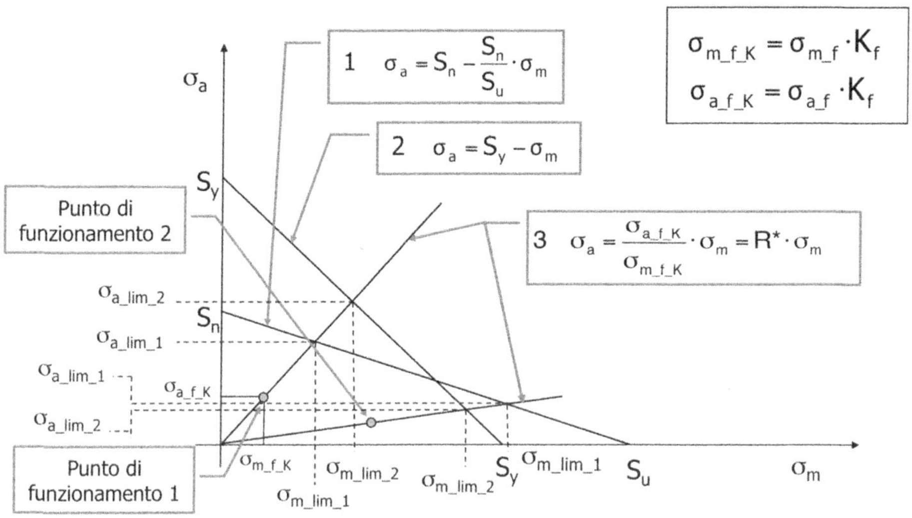

Figura 1.47: Diagramma di Haigh

	Flessione	Trazione	Torsione
C_L (fattore di carico)	1	1	0,58
C_G (fattore per il gradiente di tensione)			
diametro: d < 10mm	1	da 0,7 a 0,9	1
diametro: 10mm < d < 50mm	0,9	da 0,7 a 0,9	0,9

[1] Per materiali che non mostrino un limite di fatica, applicare i fattori alla resistenza per 10^8 o per $5x10^8$ cicli.
[2] Se 50mm<d<100mm ridurre questi fattori di circa 0,1. Se 100mm<d<150mm ridurre questi fattori di circa 0,2.
[3] Usualmente non vengono applicate correzioni per il gradiente di tensione o per lo stato superficiale, ma i valori sperimentali di S_U o di S_{US} dovrebbero riferirsi a dimensioni abbastanza prossime a quelle in esame.
[4] S_{US}=0,8 S_U per gli acciai, S_{US}=0,7 S_U per gli altri materiali.

Figura 1.48: Coefficienti C_L e C_G

Nel diagramma di ***Haigh*** di Fig. 1.47 il pedice ***f*** di $\boldsymbol{\sigma_{m\_f\_K}}$ e di $\boldsymbol{\sigma_{a\_f\_K}}$ sta ad indicare, appunto, la tensione ***di funzionamento***.

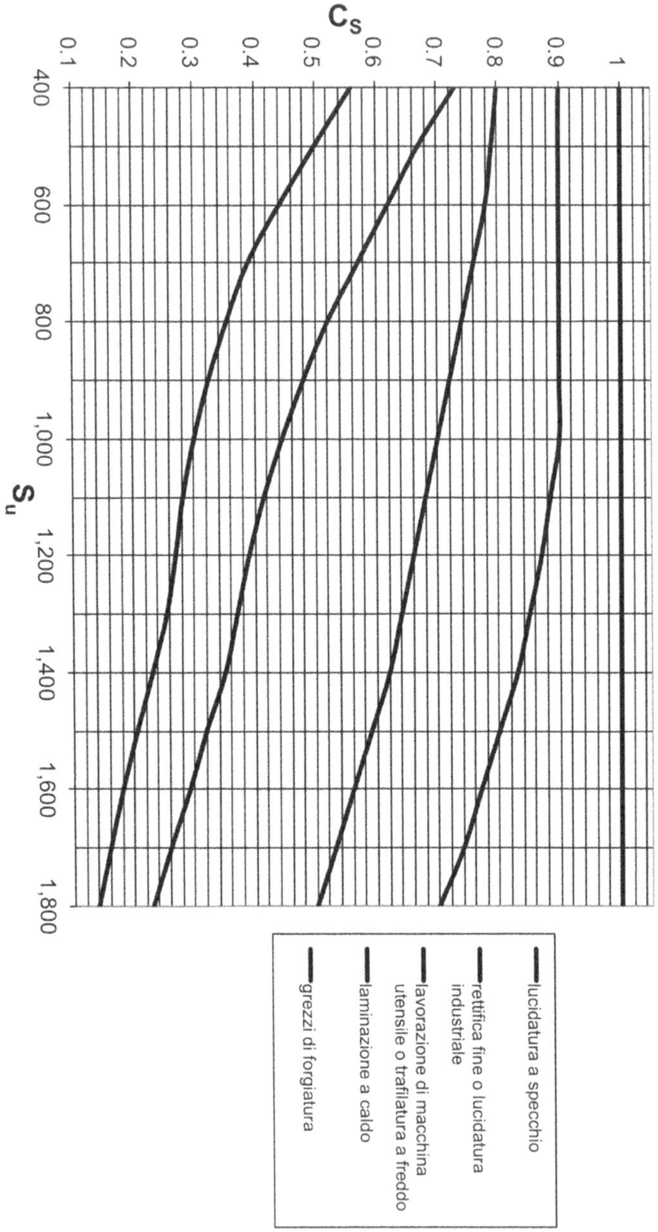

Figura 1.49: Grafico del coefficiente C_S

Per costruire il diagramma di ***Haigh*** si determina il limite di fatica a 10^6 cicli per il materiale in esame. Tale limite indicato con S_{10^6} o più semplicemente S_n vale:

$$S_n = S'_n \cdot C_L \cdot C_G \cdot C_S \tag{1.71}$$

dove S'_n è il limite a fatica a 10^6 cicli del provino liscio, lucidato a specchio e di **10mm** di diametro (se non si possiedono i dati sperimentali sul materiale si può assumere $S'_n=0,5\cdot S_u$), C_L è il fattore di carico (secondo la tabella di Fig. 1.48), C_G il fattore del gradiente di tensione (sempre secondo la tabella di Fig. 1.48), C_S il fattore di finitura superficiale (secondo il grafico di Fig. 1.49).

Per la porzione di albero considerata di dimensioni $d=40mm$, realizzato in ***acciaio lucidato a specchio*** con S_u***=1.200MPa*** e S_y***=1.000MPa*** si ottiene:

$$S_n = 0,5 \cdot S_u \cdot C_L \cdot C_G \cdot C_S = 0,5 \cdot 1.200 \cdot 1 \cdot 0,9 \cdot 1 = 540\text{MPa} \tag{1.72}$$

L'equazione della retta 1, della retta 2 e della retta 3 riportate nel diagramma di Fig. 1.47 sono le seguenti:

$$\begin{aligned} &\text{retta 1} && \sigma_a = S_n - \frac{S_n}{S_u} \cdot \sigma_m \\ &\text{retta 2} && \sigma_a = S_y - \sigma_m \\ &\text{retta 3} && \sigma_a = R^* \cdot \sigma_m \end{aligned} \tag{1.73}$$

Il rapporto tra le sollecitazioni R^* è pari a:

$$R^* = \frac{\sigma_{a\_eq\_K}}{\sigma_{m\_eq\_K}} = \frac{355}{223} = 1,592 \tag{1.74}$$

Si può quindi costruire il diagramma di ***Haigh*** di Fig. 1.47 e calcolare il coefficiente di sicurezza supponendo che il componente giunga a rottura mantenendo costante R^* e che dunque i limiti di funzionamento si trovino nelle intersezioni tra ***la retta 1 e la retta 3*** o tra ***la retta 2 e la retta 3***; naturalmente si sceglierà il punto con i valori limite più bassi. Il coefficiente di sicurezza sarà dato, dunque, da:

$$CS = \min\left\{\frac{\sigma_{a\_lim\_1}}{\sigma_{a\_eq\_K}}; \frac{\sigma_{a\_lim\_2}}{\sigma_{a\_eq\_K}}\right\} \tag{1.75}$$

dove:

$$\sigma_{a\_lim\_1} = \frac{S_n}{1 + \frac{S_n}{S_u \cdot R^*}} = \frac{540}{1 + \frac{540}{1.200 \cdot 1{,}592}} = 420\text{MPa} \tag{1.76}$$

$$\sigma_{a\_lim\_2} = \frac{S_y}{1 + \frac{1}{R^*}} = \frac{1.000}{1 + \frac{1}{1{,}592}} = 614\text{MPa} \tag{1.77}$$

Il coefficiente di sicurezza risulta perciò pari a:

$$CS = \min\left\{\frac{420}{355}; \frac{614}{355}\right\} = \min\{1,18; 1,73\} = 1,18 \tag{1.78}$$

1.5 Esercizio 5

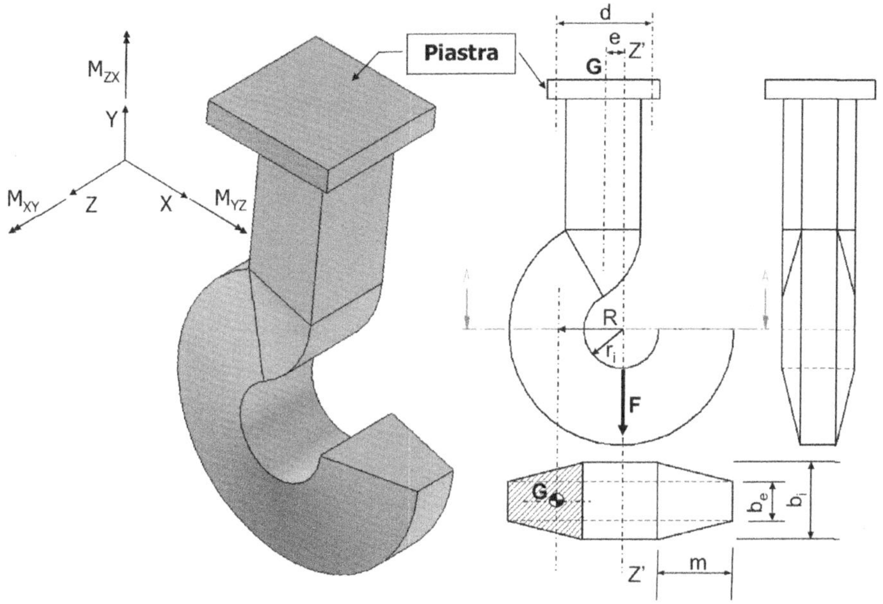

Figura 1.50: Disegno del gancio

Il gancio di sollevamento a sezione trapezia, riportato schematicamente in Fig. 1.50, è soggetto ad una forza statica $\boldsymbol{F}$**=4.500N** parallela a $\boldsymbol{Y}$, diretta verso il basso e passante ad una distanza $\boldsymbol{e=5mm}$ dal baricentro $\boldsymbol{G}$ del tratto di sezione ad asse rettilineo. Esso risulta, poi, collegato mediante saldatura d'angolo alla ***piastra 1*** la quale, a sua volta, risulta imbullonata alla struttura portante con due bulloni sistemati in posizione simmetrica rispetto al baricentro della sezione trapezia e a distanza $\boldsymbol{d=40mm}$ tra loro. Definire il coefficiente di sicurezza del gancio rispetto al limite di snervamento del materiale $\boldsymbol{S_y=320MPa}$ sapendo che $\boldsymbol{b_i=20mm}$, $\boldsymbol{b_e=10mm}$, $\boldsymbol{r_i=20mm}$ e $\boldsymbol{m=20mm}$. Definire inoltre la dimensione $\boldsymbol{h}$ del cordone di saldatura con caratteristiche meccaniche uguali a quelle del materiale del gancio e scegliere le dimensioni dei bulloni (serie metrica $\boldsymbol{M}$) di classe ***4.8*** e di sezione uguale in modo che i due tipi di collegamento garantiscano un coefficiente di sicurezza minimo ***CS=3***. Ipotizzare un coefficiente di attrito tra i filetti $\mu = \mathbf{0}\,\mathbf{1}$.

Soluzione

La forza $\boldsymbol{F}$ produce, nella sezione più sollecitata del gancio, una trazione pari ad $\boldsymbol{F}$ ed un momento flettente pari a $\boldsymbol{M_f}=\boldsymbol{F}\cdot\boldsymbol{R}$ indicando con $\boldsymbol{R}$ il raggio baricentrico della sezione trapezia. Entrambe queste sollecitazioni producono delle tensioni normali $\boldsymbol{\sigma}$ che vanno tra loro sommate nel punto più sollecitato della sezione (quello corrispondente al raggio interno $\boldsymbol{r_i}$ del gancio). La tensione risultante massima sarà pari a:

$$\sigma_{r_i} = \frac{F}{A} + \frac{M_f}{A \cdot (R - r_n)} \cdot \frac{r_n - r_i}{r_i} \tag{1.79}$$

dove $\boldsymbol{r_n}$ corrisponde al raggio neutro della sezione. Per prima cosa si devono, dunque, definire le posizioni dell'asse baricentrico e dell'asse neutro della sezione (valori di $\boldsymbol{R}$ ed $\boldsymbol{r_n}$) risolvendo i seguenti integrali:

$$r_n = \frac{A}{\int_A \frac{\mathrm{d}A}{r}} \tag{1.80}$$

$$R = \frac{\int_A r\mathrm{d}A}{A} \tag{1.81}$$

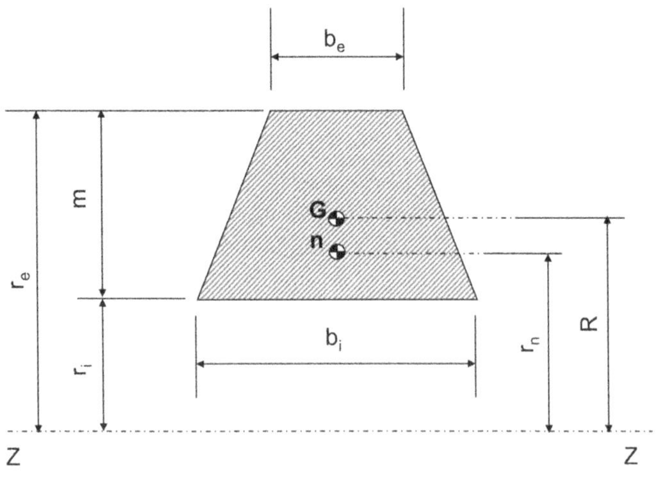

Figura 1.51: Sezione a forma di trapezio del gancio

Facendo riferimento alla Fig. 1.51 l'area $\boldsymbol{A}$ è facilmente calcolabile come segue:

$$\begin{aligned} A &= (b_i + b_e) \cdot \frac{m}{2} = \frac{(b_i + b_e) \cdot (r_e - r_i)}{2} = \frac{b_e \cdot r_e}{2} \cdot \left(\frac{b_i}{b_e} + 1\right) \cdot \left(1 - \frac{r_i}{r_e}\right) = \\ &= \frac{b_e \cdot r_e}{2} \cdot (K_b + 1) \cdot (1 - K_r) = -\frac{b_e \cdot r_e}{2} \cdot (K_b + 1) \cdot (K_r - 1) \end{aligned} \tag{1.82}$$

dove $\boldsymbol{K_b = \frac{b_i}{b_e}}$ e $\boldsymbol{K_r = \frac{r_i}{r_e}}$.

La soluzione particolare degli integrali contenuti nelle equazioni 1.80 e 1.81 può essere operata una volta trasformata la $\mathbf{d}\boldsymbol{A}$ in $\boldsymbol{b}\mathbf{d}\boldsymbol{r}$ con $\boldsymbol{b}$ funzione lineare di $\boldsymbol{r}$ ovvero $\boldsymbol{b=ir+j}$. I parametri $\boldsymbol{i}$ e $\boldsymbol{j}$ possono essere calcolati come segue.

$$\begin{cases} b_i = ir_i + j \Rightarrow i = \frac{b_e \cdot (K_b - 1)}{r_e \cdot (K_r - 1)} \\ b_e = ir_e + j \Rightarrow j = b_e - \frac{b_e \cdot (K_b - 1)}{(K_r - 1)} = b_e \left[1 - \frac{(K_b - 1)}{(K_r - 1)}\right] = b_e \cdot \frac{(K_r - K_b)}{(K_r - 1)} \end{cases} \tag{1.83}$$

Nota, dunque, la funzione $\boldsymbol{b = b_e \cdot \frac{(K_r - K_b)}{(K_r - 1)} + \frac{b_e \cdot (K_b - 1)}{r_e \cdot (K_r - 1)} \cdot r}$ è possibile procedere al calcolo degli integrali.

$$\begin{aligned} \int_A \frac{\mathrm{d}A}{r} &= \int_{r_i}^{r_e} b \frac{\mathrm{d}r}{r} = \int_{r_i}^{r_e} \left[b_e \cdot \frac{(K_r - K_b)}{(K_r - 1)}\right] \frac{\mathrm{d}r}{r} + \int_{r_i}^{r_e} \frac{b_e \cdot (K_b - 1)}{r_e \cdot (K_r - 1)} \mathrm{d}r = \\ &= b_e \cdot \frac{(K_r - K_b)}{(K_r - 1)} \cdot \ln\left(\frac{r_e}{r_i}\right) + \frac{b_e \cdot (K_b - 1)}{r_e \cdot (K_r - 1)} \cdot (r_e - r_i) = \\ &= -b_e \cdot \frac{(K_r - K_b)}{(K_r - 1)} \cdot \ln(K_r) - b_e \cdot (K_b - 1) = \\ &= -\frac{b_e}{(K_r - 1)} \cdot \left[(K_r - K_b) \cdot \ln(K_r) + (K_b - 1) \cdot (K_r - 1)\right] \end{aligned} \tag{1.84}$$

A questo punto ricordando l'Eq. 1.80 ed unendo l'Eq. 1.82 con l'Eq. 1.84 si ottiene:

$$r_n = \frac{r_e}{2} \cdot \frac{(K_b + 1) \cdot (K_r - 1)^2}{(K_r - K_b) \cdot \ln(K_r) + (K_b - 1) \cdot (K_r - 1)} \tag{1.85}$$

Analogamente si procede con il calcolo seguente:

$$\begin{aligned}
\int_A r\mathrm{d}A &= \int_{r_i}^{r_e} b\cdot r\mathrm{d}r = \int_{r_i}^{r_e}\left[b_e\cdot\frac{(K_r-K_b)}{(K_r-1)}\right]r\mathrm{d}r + \int_{r_i}^{r_e}\frac{b_e\cdot(K_b-1)}{r_e\cdot(K_r-1)}r^2\mathrm{d}r = \\
&= b_e\cdot\frac{(K_r-K_b)}{(K_r-1)}\cdot\frac{r_e^2-r_i^2}{2}+\frac{b_e\cdot(K_b-1)}{r_e\cdot(K_r-1)}\cdot\frac{r_e^3-r_i^3}{3} = \\
&= b_e\cdot\frac{(K_r-K_b)}{(K_r-1)}\cdot r_e^2\cdot\frac{1-K_r^2}{2}+\frac{b_e\cdot(K_b-1)}{r_e\cdot(K_r-1)}\cdot r_e^3\cdot\frac{1-K_r^3}{3} = \\
&= -\frac{r_e^2\cdot b_e}{2}\cdot\frac{(K_r-K_b)}{\cancel{(K_r-1)}}\cdot\cancel{(K_r-1)}\cdot(K_r+1)+ \\
&-\frac{r_e^2}{3}\cdot\frac{b_e\cdot(K_b-1)}{\cancel{(K_r-1)}}\cdot\cancel{(K_r-1)}\cdot\left(K_r^2+K_r+1\right) = \\
&= -\frac{r_e^2\cdot b_e}{6}\cdot\left[3\cdot(K_r-K_b)\cdot(K_r+1)+2\cdot(K_b-1)\cdot\left(K_r^2+K_r+1\right)\right]
\end{aligned} \tag{1.86}$$

A questo punto ricordando l'Eq. 1.81 ed unendo l'Eq. 1.82 con l'Eq. 1.86 si ottiene:

$$R=\frac{r_e}{3}\cdot\frac{3\cdot(K_r-K_b)\cdot(K_r+1)+2\cdot(K_b-1)\cdot\left(K_r^2+K_r+1\right)}{(K_b+1)\cdot(K_r-1)} \tag{1.87}$$

Per il caso in esame con $\boldsymbol{b_i=20mm}$, $\boldsymbol{b_e=10mm}$, $\boldsymbol{r_i=20mm}$ e $\boldsymbol{h=20mm}$ si ottiene:

$$\begin{aligned}
K_b &= \frac{b_i}{b_e}=\frac{20}{10}=2 \\
K_r &= \frac{r_i}{r_e}=\frac{r_i}{r_i+h}=\frac{20}{20+20}=0,5
\end{aligned} \tag{1.88}$$

A questo punto sia $\boldsymbol{A}$, sia $\boldsymbol{r_n}$, sia $\boldsymbol{R}$ possono essere calcolati come segue:

$$\begin{aligned}
A &= \frac{b_e\cdot r_e}{2}\cdot(K_b+1)\cdot(1-K_r) = \\
&= \frac{10\cdot(20+20)}{2}\cdot(2+1)\cdot(1-0,5)=300mm^2
\end{aligned} \tag{1.89}$$

$$
\begin{aligned}
r_n &= \frac{r_e}{2} \cdot \frac{(K_b + 1) \cdot (K_r - 1)^2}{(K_r - K_b) \cdot \ln(K_r) + (K_b - 1) \cdot (K_r - 1)} = \\
&= \frac{20 + 20}{2} \cdot \frac{(2 + 1) \cdot (0,5 - 1)^2}{(0,5 - 2) \cdot \ln(0,5) + (2 - 1) \cdot (0,5 - 1)} = \\
&= 20 \cdot \frac{0,75}{-1,5 \cdot \ln(0,5) - 0,5} = 27,79mm
\end{aligned}
\tag{1.90}
$$

$$
\begin{aligned}
R &= \frac{r_e}{3} \cdot \frac{3 \cdot (K_r - K_b) \cdot (K_r + 1) + 2 \cdot (K_b - 1) \cdot \left(K_r^2 + K_r + 1\right)}{(K_b + 1) \cdot (K_r - 1)} \\
&= \frac{20 + 20}{3} \cdot \frac{3 \cdot (0,5 - 2) \cdot (0,5 + 1) + 2 \cdot (2 - 1) \cdot \left(0,5^2 + 0,5 + 1\right)}{(2 + 1) \cdot (0,5 - 1)} \\
&= \frac{40}{3} \cdot \frac{3 \cdot -1,5 \cdot 1,5 + 2 \cdot 1 \cdot 1,75}{3 \cdot -0,5} = \frac{40}{3} \cdot \frac{-6,75 + 3,5}{-1,5} = 28,89mm
\end{aligned}
\tag{1.91}
$$

La tensione massima espressa dall'Eq. 1.79 può essere calcolata mediante la Eq. 1.92.

$$
\begin{aligned}
\sigma_{r_i} &= \frac{F}{A} + \frac{M_f}{A \cdot (R - r_n)} \cdot \frac{r_n - r_i}{r_i} \\
&= \frac{4.500}{300} + \frac{4.500 \cdot 28,89}{300 \cdot (28,89 - 27,79)} \cdot \frac{27,79 - 20}{20} \\
&= 15 + \frac{130.005}{300 \cdot 1,1} \cdot 0,3895 = +169\text{MPa}
\end{aligned}
\tag{1.92}
$$

Il coefficiente di sicurezza della struttura rispetto allo snervamento risulta pari a:

$$
CS = \frac{320}{169} = 1,89 \tag{1.93}
$$

Il cordone di saldatura d'angolo che collega la sezione del gancio alla piastra è sollecitato dalla forza di trazione $\boldsymbol{F}$ e da un momento flettente $\boldsymbol{M_f}$ generato dall'eccentricità $\boldsymbol{e}$ della forza $\boldsymbol{F}$ rispetto al baricentro della saldatura $\boldsymbol{R_s}$. Facendo riferimento alla Fig. 1.52, il calcolo di $\boldsymbol{R_s}$ si esegue utilizzando l'Eq. 1.94 nella quale vengono trascurate le potenze superiori al grado ***1*** per lo spessore $\boldsymbol{t}$.

$$
R_s = \frac{S_{Z'-Z'}}{A} = \frac{\cancel{t} \cdot b_i \cdot r_i + \cancel{t} \cdot b_e \cdot r_e + 2 \cdot \cancel{t} \cdot r_e \cdot \frac{(1-K_r)}{cos(\alpha)} \cdot R_c}{\cancel{t} \cdot b_i + \cancel{t} \cdot b_e + 2 \cdot \cancel{t} \cdot r_e \cdot \frac{(1-K_r)}{cos(\alpha)}} \tag{1.94}
$$

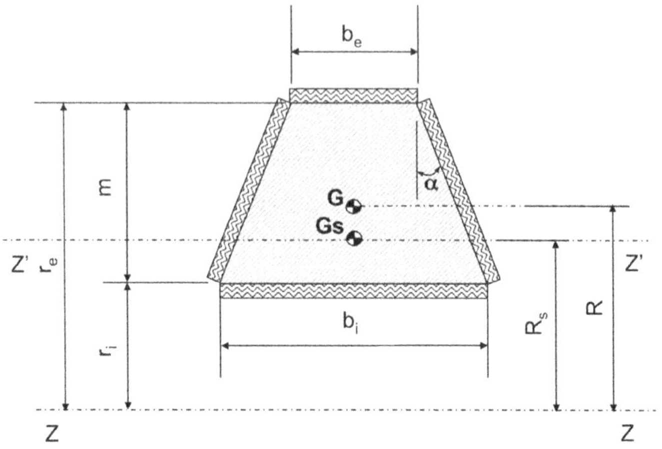

Figura 1.52: Sezione a forma di trapezio del gancio con cordone di saldatura d'angolo di dimensione costante $\boldsymbol{t}$

I valori di $\boldsymbol{cos(\alpha)}$ e del baricentro del cordone inclinato $\boldsymbol{R_c}$ si possono calcolare come segue.

$$
\begin{aligned}
cos(\alpha) &= \frac{(r_e - r_i)}{\sqrt{(r_e - r_i)^2 + \left(\frac{b_i - b_e}{2}\right)^2}} = \\
&= \frac{2 \cdot (1 - K_r)}{b_e \cdot \sqrt{4 \cdot \left(\frac{1-K_r}{b_e}\right)^2 + \left(\frac{K_b - 1}{r_e}\right)^2}}
\end{aligned}
\tag{1.95}
$$

$$
R_c = \frac{S_{Z-Z}}{A} = \frac{\int_{r_i}^{r_e} \frac{\cancel{t} \cdot r dr}{\cancel{cos(\alpha)}}}{\cancel{t} \cdot r_e \cdot \frac{(1-K_r)}{\cancel{cos(\alpha)}}} = \frac{r_e^{\cancel{2}} \cdot \cancel{(1-K_r)} \cdot (1+K_r)}{2 \cdot \cancel{r_e} \cdot \cancel{(1-K_r)}} = \frac{r_e}{2} \cdot (1+K_r) \tag{1.96}
$$

Inserendo l'Eq. 1.95 e l'Eq. 1.96 nella Eq. 1.94 si ottiene, per il caso in esame, il valore del baricentro complessivo della saldatura calcolato tramite l'Eq. 1.97.

$$
\begin{aligned}
R_s =& \frac{b_i \cdot r_i + b_e \cdot r_e + \not{2} \cdot r_e \cdot \frac{\cancel{(1-K_r)} \cdot b_e \cdot \sqrt{4 \cdot \left(\frac{1-K_r}{b_e}\right)^2 + \left(\frac{K_b-1}{r_e}\right)^2}}{\not{2} \cdot \cancel{(1-K_r)}} \cdot \frac{r_e}{2} \cdot (1+K_r)}{b_i + \cdot b_e + \not{2} \cdot r_e \cdot \frac{\cancel{(1-K_r)} \cdot b_e \cdot \sqrt{4 \cdot \left(\frac{1-K_r}{b_e}\right)^2 + \left(\frac{K_b-1}{r_e}\right)^2}}{\not{2} \cdot \cancel{(1-K_r)}}} = \\
=& \frac{\cancel{b_e} \cdot r_e}{2} \cdot \frac{2 \cdot K_b \cdot K_r + 2 + r_e \cdot \sqrt{4 \cdot \left(\frac{1-K_r}{b_e}\right)^2 + \left(\frac{K_b-1}{r_e}\right)^2} \cdot (1+K_r)}{\cancel{b_e} \cdot \left(K_b + 1 + r_e \cdot \sqrt{4 \cdot \left(\frac{1-K_r}{b_e}\right)^2 + \left(\frac{K_b-1}{r_e}\right)^2}\right)} = \\
=& \frac{r_e}{2} \cdot \frac{2 \cdot K_b \cdot K_r + 2 + r_e \cdot \sqrt{4 \cdot \left(\frac{1-K_r}{b_e}\right)^2 + \left(\frac{K_b-1}{r_e}\right)^2} \cdot (1+K_r)}{K_b + 1 + r_e \cdot \sqrt{4 \cdot \left(\frac{1-K_r}{b_e}\right)^2 + \left(\frac{K_b-1}{r_e}\right)^2}} = \\
=& \frac{40}{2} \cdot \frac{2 \cdot 2 \cdot 0,5 + 2 + 40 \cdot \sqrt{4 \cdot \left(\frac{1-0,5}{10}\right)^2 + \left(\frac{2-1}{40}\right)^2} \cdot (1+0,5)}{2 + 1 + 40 \cdot \sqrt{4 \cdot \left(\frac{1-0,5}{10}\right)^2 + \left(\frac{2-1}{40}\right)^2}} = \\
=& 20 \cdot \frac{2 + 2 + 40 \cdot \sqrt{4 \cdot (0,05)^2 + (0,025)^2} \cdot 1,5}{3 + 40 \cdot \sqrt{4 \cdot (0,05)^2 + (0,025)^2}} = \\
=& 20 \cdot \frac{4 + 6,18}{3 + 4,12} = 28,6\text{mm}
\end{aligned}
\tag{1.97}
$$

A questo punto è possibile calcolare il momento flettente ipotizzando che l'asse neutro di flessione coincida con l'asse baricentrico della saldatura. Nota l'eccentricità $\boldsymbol{e}$ tra retta d'azione della forza $\boldsymbol{F}$ e il baricentro della sezione trapezia il momento flettente agente sulla saldatura può essere calcolato come segue:

$$M_f = F \cdot (e - R + R_s) = 4.500 \cdot (5 - 28,89 + 28,6) = 21,195\text{Nm} \tag{1.98}$$

Per calcolare le tensioni agenti nel cordone di saldatura si deve procedere alla definizione del momento di inerzia baricentrico che risulta essere complicato anche dal fatto che lo spessore $\boldsymbol{t}$ è incognito. Per semplificare i calcoli e procedere alla definizione esplicita dello spessore del cordone, nel calcolo del momento di inerzia si trascurano, a vantaggio di sicurezza, i contributi che prevedano potenze superiori al grado ***1*** per lo spessore incognito $\boldsymbol{t}$. Con riferimento alla Fig. 1.52 il momento di inerzia baricentrico $\boldsymbol{I_s}$ è di seguito calcolato dopo avere imposto $\boldsymbol{K_b = \frac{b_i}{b_e} = \frac{20}{10} = 2}$, $\boldsymbol{K_r = \frac{r_i}{r_e} = \frac{20}{40} = 0,5}$ e $\boldsymbol{K_{rs} = \frac{R_s}{r_e} = \frac{28,6}{40} = 0,715}$ e nota l'inerzia dei cordoni inclinati $\boldsymbol{I'_{Z'-Z'}}$.

$$\begin{aligned}
I_s =&\frac{1}{12} \cdot b_i \cdot t^3 + \frac{1}{12} \cdot b_e \cdot t^3 + t \cdot b_i \cdot (R_s - r_i)^2 + t \cdot b_e \cdot (r_e - R_s)^2 + 2 \cdot I'_{Z'-Z'} = \\
=&t \cdot b_i \cdot r_e^2 \cdot (K_{rs} - K_r)^2 + t \cdot b_e \cdot r_e^2 \cdot (1 - K_{rs})^2 + 2 \cdot I'_{Z'-Z'} = \\
=&t \cdot b_e \cdot r_e^2 \cdot \left[K_b \cdot (K_{rs} - K_r)^2 + (1 - K_{rs})^2\right] + 2 \cdot I'_{Z'-Z'} = \\
=&t \cdot 10 \cdot 40^2 \cdot \left[2 \cdot (0,715 - 0,5)^2 + (1 - 0,715)^2\right] + 2 \cdot I'_{Z'-Z'} = \\
=&t \cdot 16.000 \cdot \left[2 \cdot (0,215)^2 + (0,285)^2\right] + 2 \cdot I'_{Z'-Z'} = \\
=&t \cdot 2.778,8 + 2 \cdot I'_{Z'-Z'}
\end{aligned} \tag{1.99}$$

L'inerzia dei cordoni inclinati è calcolata mediante l'Eq. 1.100.

$$\begin{aligned}
2 \cdot I'_{Z'-Z'} =&2 \int_{r_i - R_s}^{r_e - R_s} \frac{r^2 \cdot t dr}{cos(\alpha)} = \frac{2 \cdot t}{3 \cdot cos(\alpha)} \cdot \left[(r_e - R_s)^3 - (r_i - R_s)^3\right] = \\
=&\frac{2 \cdot t \cdot r_e^3}{3 \cdot cos(\alpha)} \cdot \left[(1 - K_{rs})^3 - (K_r - K_{rs})^3\right] = \frac{2 \cdot t \cdot r_e^3}{3 \cdot cos(\alpha)} \cdot \\
&\cdot \left[1 - K_{rs}^3 - 3 \cdot K_{rs} + 3 \cdot K_{rs}^2 - K_r^3 + K_{rs}^3 + 3 \cdot K_r^2 \cdot K_{rs} - 3 \cdot K_r \cdot K_{rs}^2\right] = \\
=&\frac{2 \cdot t \cdot r_e^3}{3 \cdot cos(\alpha)} \cdot \left[1 - K_r^3 + 3 \cdot K_{rs}^2 \cdot (1 - K_r) - 3 \cdot K_{rs} \cdot \left(1 - K_r^2\right)\right] = \\
=&\frac{2 \cdot t \cdot b_e \cdot r_e^3 \cdot (1 - K_r)}{3 \cdot 2 \cdot (1 - K_r)} \cdot \left[K_r^2 + K_r + 1 + 3 \cdot K_{rs} \cdot (K_{rs} - K_r - 1)\right] \cdot \\
&\cdot \sqrt{4 \cdot \left(\frac{1 - K_r}{b_e}\right)^2 + \left(\frac{K_b - 1}{r_e}\right)^2} = \\
=&\frac{t \cdot b_e \cdot r_e^3 \cdot}{3} \cdot \left[\left(K_r^2 + K_r + 1 + 3 \cdot K_{rs} \cdot (K_{rs} - K_r - 1)\right)\right] \cdot \\
&\cdot \sqrt{4 \cdot \left(\frac{1 - K_r}{b_e}\right)^2 + \left(\frac{K_b - 1}{r_e}\right)^2} = \\
=&\frac{t \cdot 10 \cdot 40^3 \cdot}{3} \cdot \left[0,5^2 + 0,5 + 1 + 3 \cdot 0,715 \cdot (0,715 - 0,5 - 1)\right] \cdot \\
&\cdot \sqrt{4 \cdot \left(\frac{1 - 0,5}{10}\right)^2 + \left(\frac{2 - 1}{40}\right)^2} = \\
=&t \cdot 213.333,33 \cdot (0,25 + 1,5 - 1,683825) \cdot \sqrt{4 \cdot (0,05)^2 + (0,025)^2} = \\
=&t \cdot 14.117,33 \cdot 0,103 = t \cdot 1.455,2 \text{mm}^4
\end{aligned} \tag{1.100}$$

L'inerzia complessiva della saldatura rispetto al suo asse baricentrico è, dunque, pari a:

$$I_{Z'-Z'} = t \cdot 2.778,8 + 2 \cdot I'_{Z'-Z'} = t \cdot 2.778,8 + t \cdot 1.455,2 = t \cdot 4.234 \text{mm}^4 \tag{1.101}$$

Infine è necessario definire l'area del cordone sempre in funzione dello spessore $\boldsymbol{t}$ utilizzando l'Eq. 1.102.

$$\begin{aligned}A_s =&t \cdot \left[b_e + b_i + \frac{2 \cdot r_e \cdot (1-K_r)}{cos(\alpha)}\right] = \\ =&t \cdot \left[b_e \cdot (1+K_b) + \frac{\cancel{2} \cdot r_e \cdot \cancel{(1-K_r)}}{\cancel{2} \cdot \cancel{(1-K_r)}} \cdot b_e \cdot \sqrt{4 \cdot \left(\frac{1-K_r}{b_e}\right)^2 + \left(\frac{K_b-1}{r_e}\right)^2}\right] = \\ =&t \cdot b_e \cdot \left[1 + K_b + r_e \cdot \sqrt{4 \cdot \left(\frac{1-K_r}{b_e}\right)^2 + \left(\frac{K_b-1}{r_e}\right)^2}\right] = \\ =&t \cdot 10 \cdot \left[1 + 2 + 40 \cdot \sqrt{4 \cdot \left(\frac{1-0,5}{10}\right)^2 + \left(\frac{2-1}{40}\right)^2}\right] = \\ =& t \cdot 10 \cdot (3 + 4,12) = t \cdot 71,2\text{mm}^2\end{aligned} \tag{1.102}$$

Dunque le tensioni massime sul cordone di saldatura sono calcolabili mediante le seguenti formule:

$$\begin{aligned}\sigma_i =&\frac{F}{A_s} + \frac{M_f}{I_s} \cdot (r_{Gs} - r_i) = \frac{4.500}{t \cdot 71,2} + \frac{21.195}{t \cdot 4.234} \cdot (28,6-20) = \\ =&\frac{63,20}{t} + \frac{43,05}{t} = \frac{106,25}{t}\text{MPa}\end{aligned} \tag{1.103}$$

$$\begin{aligned}\sigma_e =&\frac{F}{A_s} + \frac{M_f}{I_s} \cdot (r_{Gs} - r_e) = \frac{4.500}{t \cdot 71,2} + \frac{21.195}{t \cdot 4.234} \cdot (28,6-40) = \\ =&\frac{63,20}{t} - \frac{57,07}{t} = \frac{6,13}{t}\text{MPa}\end{aligned} \tag{1.104}$$

Il valore massimo si ha, dunque, in corrispondenza del raggio interno ed il tensore risultante così calcolato $\boldsymbol{T_{ris}} = \boldsymbol{\sigma_i}$ va confrontato con il valore della tensione ammissibile al fine di determinare lo spessore utile della saldatura pari allo spessore di gola del cordone $\boldsymbol{t}$ e, di conseguenza, l'altezza del cordone $\boldsymbol{h}$. A favore di sicurezza si utilizza un coefficiente riduttivo di **0,58** che equivale, in sostanza, a considerare una tensione ammissibile pari a quella per sollecitazione di pura torsione. Uguagliando il tensore risultante $\boldsymbol{T_{ris}}$ con la tensione ammissibile secondo l'Eq. 1.105 è possibile ricavare lo spessore $\boldsymbol{t}$ mediante l'Eq. 1.106.

$$T_{amm} = \frac{S_Y \cdot 0.58}{CS} = T_{ris} = \frac{106}{t} \tag{1.105}$$

$$t = \frac{106 \cdot CS}{S_Y \cdot 0,58} = \frac{106 \cdot 3}{320 \cdot 0,58} = 1,71\text{mm} \tag{1.106}$$

Da cui si ricava immediatamente lo spessore minimo del cordone $\boldsymbol{h}$:

$$h = t \cdot \sqrt{2} = 2,42\text{mm} \tag{1.107}$$

Si sceglierà, dunque, un cordone di saldatura pari a ***h=2,5mm***.

Per la scelta dei bulloni si deve ipotizzare una forza iniziale $\boldsymbol{F_i}$ data dalla somma della componente assiale $\boldsymbol{F_a}$ con la componente flessionale $\boldsymbol{F_f}$ agenti sul singolo bullone. Dal momento che sono utilizzati due bulloni di area uguale il calcolo può essere svolto mediante l'Eq. 1.108.

$$F_i = F_a + F_f = \frac{F}{2} + \frac{F \cdot e}{d} = \frac{4.500}{2} + \frac{4.500 \cdot 5}{40} = 2.813\text{N} \tag{1.108}$$

Nota $\boldsymbol{F_i}$ si può calcolare l'area minima del bullone mediante l'Eq. 1.109 nella quale ***SR***, pari a ***1,3***, è lo ***Stress Ratio*** mentre $\boldsymbol{S_p}$ è la tensione di precarico ricavabile per la vite di classe ***4.8*** dalla tabella di Fig. 1.53. Il valore ***1,3*** per lo ***Stress Ratio*** utilizzato nell'Eq. 1.109 è sufficientemente cautelativo a patto che il coefficiente di attrito tra i filetti sia inferiore a ***0,15***.

Classi di resistenza UNI 3740		3.6	4.6	4.8	5.6	5.8	6.8	8.8 <M16	8.8 >M16	10.9	12.9
Tensione di rottura S_u [MPa]	nom.	300	400		500		600	800	800	1000	1200
	min.	330	400	420	500	520	600	800	830	1040	1220
Tensione di snervamento[1] S_Y [MPa]	nom.	180	240	320	300	400	480	640	640	900	1080
	min.	190	240	340	300	420	480	640	660	940	1100
Tensione di precarico[2] S_p [MPa]		180	225	310	280	380	440	580	600	830	970
Allungamento dopo rottura A %	min.	25	22	14	20	10	8	12	12	9	8
Durezza Rockwell HR	min.	B52	B67	B71	B79	B82	B89	C22	C23	C32	C38
	max.	B95					B99	C31	C32	C38	C44

[1] Valore corrispondente ad una deformazione permanente dello 0,2% misurata sul materiale con macchina di prova

[2] La tensione limite di precarico corrisponde ad un allungamento permanente non superiore a 0,0025 mm misurato nei bulloni

Figura 1.53: Caratteristiche meccaniche per le viti metriche

$$A_t = \frac{SR \cdot F_i \cdot CS}{S_p} = \frac{1,3 \cdot 2.813 \cdot 3}{310} = 35,39\text{mm}^2 \tag{1.109}$$

Il primo bullone con area maggiore o uguale a $\boldsymbol{35,39mm^2}$, ricavabile dalla tabella di Fig. 1.54 è del tipo ***M8***, passo grosso ***p=1,25mm*** con $\boldsymbol{A_t=36,6mm^2}$.

La verifica finale è eseguita mediante il calcolo della sollecitazione massima equivalente di ***Von Mises***, come indicato nell'Eq. 1.110 in

	Passo grosso		Passo fine	
Diametro nominale d [mm]	Passo p [mm]	Sezione resistente A_t [mm^2]	Passo p [mm]	Sezione resistente A_t [mm^2]
3	0,5	5,03		
3,5	0,6	6,78		
4	0,7	8,78		
5	0,8	14,2		
6	1	20,1		
7	1	28,9		
8	1,25	36,6	1	39,2
10	1,5	58,0	1,25	61,2
12	1,75	84,3	1,25	92,1
14	2	115	1,5	125
16	2	157	1,5	167
18	2,5	192	1,5	216
20	2,5	245	1,5	272
22	2,5	303	1,5	333
24	3	353	2	384
27	3	459	2	496
30	3,5	561	2	621
33	3,5	694	2	761
36	4	817	3	865
39	4	976	3	1030

Figura 1.54: Caratteristiche geometriche per le viti metriche

cui ***d_2=d-0,64952p*** e ***d_t=d-0,9382p***. Per il calcolo della tensione equivalente di von Mises in presenza del carico esterno, si osserva quanto segue: (a) il carico esterno inizia ad agire un istante dopo la fine della fase di serraggio, (b) immediatamente dopo la fine della fase di serraggio, la coppia che attraversa il gambo della vite può essere considerata pari al **50%** di quella iniziale (fonte: "J. H. Bickford - Introduction to the Design and Behavior of Bolted Joints", 4 Ed. Non-Gasketed Joints, CRC Press, 2008"). Di conseguenza si può scrivere:

$$\begin{aligned}\sigma_{eq} =& \frac{F_i \cdot CS}{A_t} \cdot \sqrt{(1,25)^2 + \frac{48}{4} \cdot \left(\frac{0,16 \cdot p + 0,58 \cdot \mu \cdot d_2}{d_t}\right)^2} = \\ =& \frac{2.813 \cdot 3}{36,6} \cdot \sqrt{(1,25)^2 + 12 \cdot \left(\frac{0,16 \cdot 1,25 + 0,58 \cdot 0,1 \cdot (8 - 0,64952 \cdot 1,25)}{8 - 0,9382 \cdot 1,25}\right)^2} = \\ =& 230,57 \cdot \sqrt{1,5625 + 12 \cdot \left(\frac{0,2 + 0,058 \cdot 7,1885}{6,8272}\right)^2} = 297\text{MPa}\end{aligned} \tag{1.110}$$

Essendo la tensione equivalente $\boldsymbol{\sigma_{eq} = 297}$ inferiore a $\boldsymbol{\sigma_p = 310}$ i bulloni scelti sono verificati. Si calcola infine il momento di serraggio come segue.

$$M_s = 0,2 \cdot d \cdot F_i = 0,2 \cdot 8 \cdot 2.813 = 4,5\text{Nm} \tag{1.111}$$

Capitolo 2

Collegamenti bullonati

2.1 Esercizio 1

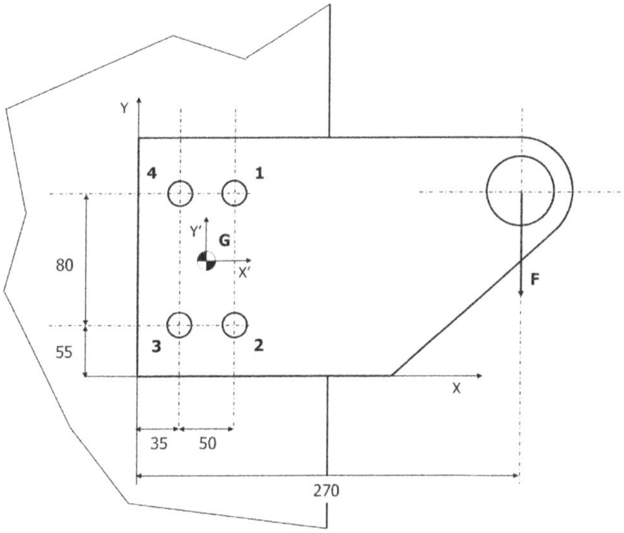

Figura 2.1: Schema di carico e disposizione dei bulloni

Il collegamento tra le due piastre riportate in Fig. 2.1 è realizzato per attrito mediante il serraggio di quattro bulloni di classe **8.8**, appartenenti alla serie metrica ***M*** ed aventi medesima sezione resistente ***A***. Scegliere il diametro nominale ed i valori della forza di serraggio e del momento di serraggio supponendo di utilizzare un coefficiente di sicurezza minimo

$\boldsymbol{CS = 2}$, un coefficiente di attrito tra le piastre $\boldsymbol{\mu = 0,25}$ ed un coefficiente di attrito medio nel bullone pari a $\boldsymbol{\mu_m = 0,20}$. La forza applicata all'estremo della mensola vale $\boldsymbol{F = 9.000N}$.

Soluzione

La forza esterna $\boldsymbol{F}$ produce sui bulloni un taglio, in direzione $\boldsymbol{Y}$, che si ripartisce in uguale misura su ogni bullone. Inoltre essa dà luogo ad un momento torcente pari al prodotto della forza $\boldsymbol{F}$ per la distanza in direzione $\boldsymbol{X}$ che separa il punto di applicazione della forza dal baricentro delle sezioni dei bulloni. E' quindi necessario calcolare le coordinate di tale baricentro rispetto agli assi cartesiani $\boldsymbol{X}$ e $\boldsymbol{Y}$ di Fig. 2.1.

$$\begin{cases} X_G = \frac{S_{Y-Y}}{\Sigma A_i} = \frac{2A\cdot(35+50)+2A\cdot(35)}{4A} = 60\text{mm} \\ Y_G = \frac{S_{X-X}}{\Sigma A_i} = \frac{2A\cdot(55+80)+2A\cdot(55)}{4A} = 95\text{mm} \end{cases} \tag{2.1}$$

I bulloni possiedono medesima area $\boldsymbol{A}$ e si trovano sui vertici di un rettangolo, quindi il loro baricentro coincide col baricentro del rettangolo. Nota la posizione del baricentro, è possibile calcolare il momento torcente agente sulla bullonatura:

$$M_t = F \cdot (270 - X_G) = 9.000 \cdot (270 - 60) = 1.890.000\text{Nmm} \tag{2.2}$$

Per il dimensionamento dei bulloni occorre determinare quale sia quello più sollecitato, ipotizzando che la forza di taglio $\boldsymbol{F}$ si ripartisca uniformemente sui quattro bulloni. Numerando i bulloni di Fig. 2.1 da 1 a 4 in senso orario e partendo da quello in alto a destra si può subito restringere l'analisi ai bulloni 1 e 2, poiché la componente $\boldsymbol{Y}$ della forza dovuta al momento torcente risulta concorde in verso alla forza di taglio. Infatti, osservando la Fig. 2.2 si nota come il vettore risultante delle forze di reazione esercitate dai bulloni 1 e 2 sia costruito sulla diagonale maggiore del parallelogrammo, mentre quello relativo alla risultante delle forze di reazione esercitate dai bulloni 3 e 4 è costruito sulla diagonale minore del parallelogrammo. Ristretta l'analisi ai due bulloni più sollecitati, si può ancora notare che, data la loro posizione simmetrica rispetto al baricentro del collegamento, le componenti delle forze dovute al momento torcente sono uguali in modulo e diverse solo per il verso della componente $\boldsymbol{X}$. Pertanto la risultante delle forze agenti sui bulloni 1 e 2 ha lo stesso modulo ma direzione e verso differenti, come

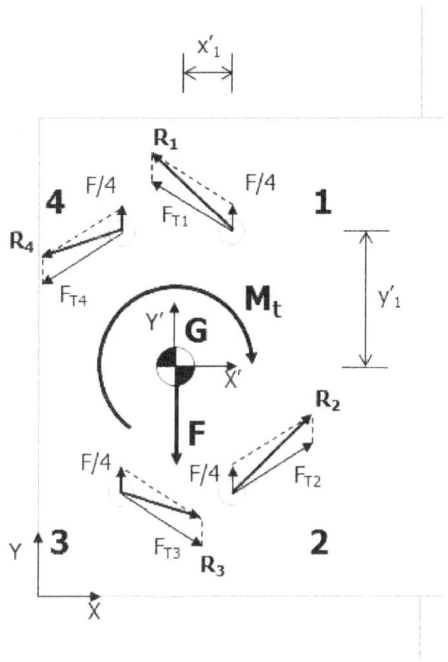

Figura 2.2: Equilibrio delle forze agenti sulla mensola

mostrato in Fig. 2.2. Si procede, quindi, con il calcolo della forza iniziale di serraggio indifferentemente per il bullone 1 o 2. Tenendo conto che i quattro bulloni (in generale: gli $\boldsymbol{n}$ bulloni) hanno tutti area $\boldsymbol{A}$ e che la trasmissione delle forze esterne avviene mediante attrito tra le parti con un coefficiente di sicurezza $\boldsymbol{CS}$, si utilizza la formula:

$$F_i = F_{i\_1,2} = \frac{CS}{\mu} \cdot \sqrt{\left(\frac{F}{n} + \frac{M_t}{\Sigma r_i^2} \cdot X'_{1,2}\right)^2 + \left(\frac{M_t}{\Sigma r_i^2} \cdot Y'_{1,2}\right)^2} \quad (2.3)$$

dove $\boldsymbol{r_i}$ è la distanza del bullone i-esimo dal baricentro $\boldsymbol{G}$, $\boldsymbol{X'_{1,2}}$ e $\boldsymbol{Y'_{1,2}}$ sono le coordinate dei bulloni 1 o 2 rispetto agli assi baricentrici $\boldsymbol{X'}$ ed $\boldsymbol{Y'}$. Sostituendo i valori numerici nella 2.3, si ha:

$$F_i = \frac{2}{0,25} \cdot \sqrt{\left(\frac{9.000}{4} + \frac{1.890.000}{4 \cdot \left(X'^2_{1,2} + Y'^2_{1,2}\right)} \cdot 25\right)^2 + \left(\frac{1.890.000}{4 \cdot \left(X'^2_{1,2} + Y'^2_{1,2}\right)} \cdot 40\right)^2} =$$

$$= \frac{2}{0,25} \cdot \sqrt{\left(\frac{9.000}{4} + \frac{1.890.000}{4 \cdot (25^2 + 40^2)} \cdot 25\right)^2 + \left(\frac{1.890.000}{4 \cdot (25^2 + 40^2)} \cdot 40\right)^2} = 90.966N \quad (2.4)$$

Non essendo presenti forze di trazione esterne sui bulloni, il dimensionamento si effettua in funzione della $\boldsymbol{F_i}$ attraverso l'Eq. 2.5 che permette di calcolare l'area minima necessaria $\boldsymbol{A_{t\_min}}$ e, dunque, il diametro nominale della vite.

$$A_{t\_min} = \frac{SR \cdot F_i}{S_p} = \frac{1,3 \cdot 90.966}{580} = 203,9\text{mm}^2 \tag{2.5}$$

Nell'Eq. 2.5, $\boldsymbol{S_p}$ è la tensione di precarico ricavabile per la vite di classe ***8.8*** dalla tabella di Fig. 2.3. Nell'equazione 2.5 compare un fattore

Classi di resistenza ISO 898-1		3.6	4.6	4.8	5.6	5.8	6.8	8.8 ≤M16	8.8 >M16	10.9	12.9
Tensione di rottura S_u [MPa]	nom.	300	400		500		600	800	800	1000	1200
	min.	330	400	420	500	520	600	800	830	1040	1220
Tensione di snervamento[1] S_Y [MPa]	nom.	180	240	320	300	400	480	640	640	900	1080
	min.	190	240	340	300	420	480	640	660	940	1100
Tensione di precarico[2] S_P [MPa]		180	225	310	280	380	440	580	600	830	970
Allungamento dopo rottura A %	min.	25	22	14	20	10	8	12	12	9	8
Durezza Rockwell HR	min.	B52	B67	B71	B79	B82	B89	C22	C23	C32	C39
	max.	B95					B99,5	C32	C34	C39	C44

[1] Valore corrispondente ad una deformazione permanente dello 0,2% misurata sul materiale con macchina di prova

[2] La tensione limite di precarico corrisponde ad un allungamento permanente non superiore a 0,0025 mm misurato nei bulloni

Figura 2.3: Caratteristiche meccaniche per le viti metriche

di amplificazione dei carichi, o Stress Ratio, che tiene conto della torsione conferita al gambo della vite all'atto del serraggio e del sovraccarico assiale gravante sulla vite in fase di esercizio. Il valore comunemente adottato $\boldsymbol{SR = 1,3}$ si riferisce al caso di filettatura metrica, attrito nei filetti pari a $\boldsymbol{\mu_t = 0,15}$ e piastre rigide. Una volta scelta la vite, si dovrà verificarla utilizzando i valori veri di coefficiente di attrito e di rigidezza delle piastre. E' quindi necessario scegliere viti con area maggiore o uguale a ***203,9mm²***. Dalla tabella di Fig. 2.4 selezioniamo la vite ***M20***, passo ***p=2,5mm*** avente $\boldsymbol{A_t}$***=245mm²***.

Infine si deve verificare che la sollecitazione massima equivalente di von Mises calcolata mediante l'Eq. 2.6 in cui $\boldsymbol{d_2 = d - 0,64952p}$ e

ISO 898-1	Passo grosso		Passo fine	
Diametro nominale d	Passo p	Sezione resistente A_t	Passo p	Sezione resistente A_t
[mm]	[mm]	[mm²]	[mm]	[mm²]
3	0,5	5,03		
3,5	0,6	6,78		
4	0,7	8,78		
5	0,8	14,2		
6	1	20,1		
7	1	28,9		
8	1,25	36,6	1	39,2
10	1,5	58,0	1,25	61,2
12	1,75	84,3	1,25	92,1
14	2	115	1,5	125
16	2	157	1,5	167
18	2,5	192	1,5	216
20	2,5	245	1,5	272
22	2,5	303	1,5	333
24	3	353	2	384
27	3	459	2	496
30	3,5	561	2	621
33	3,5	694	2	761
36	4	817	3	865
39	4	976	3	1030

Figura 2.4: Caratteristiche geometriche per le viti metriche

$\boldsymbol{d_t = d - 0,9382p}$, sia inferiore alla tensione limite di precarico $\boldsymbol{S_p}$ ricavata dalla tabella di Fig.2.3 in funzione della classe della vite.

$$\sigma_{eq} = \sqrt{\left(\frac{F_i}{A_t}\right)^2 + 3 \cdot \left(\frac{M_{th}}{W_t}\right)^2} \tag{2.6}$$

Nell'Eq.2.6, $\boldsymbol{M_{th}}$ è la frazione della coppia di serraggio $\boldsymbol{M_s}$ che attraversa il gambo della vite:

$$M_{th} = F_i \cdot (0,16 \cdot p + 0,58 \cdot \mu_{th} \cdot d_2) \tag{2.7}$$

Si noti che, in assenza di dati più precisi sui coefficienti di attrito nei filetti ($\boldsymbol{\mu_{th}}$) e nel sottotesta($\boldsymbol{\mu_u}$), si è soliti ipotizzarli entrambi pari al coefficiente di attrito medio del bullone:

$$\mu_m = \mu_{th} = \mu_u \tag{2.8}$$

Sostituendo le Equazioni 2.7 e 2.8 nell'Eq.2.6, si ha:

$$\begin{aligned}\sigma_{eq} &= \sqrt{\left(\frac{4 \cdot F_i}{\pi \cdot d_t^2}\right)^2 + 3 \cdot \left(\frac{16 \cdot M_{th}}{\pi \cdot d_t^3}\right)^2} \\ &= \sqrt{\left(\frac{F_i}{A_t}\right)^2 + 48 \cdot \left[\left(\frac{F_i}{A_t}\right) \cdot \frac{(0,16 \cdot p + 0,58 \cdot \mu_m \cdot d_2)}{d_t}\right]^2} \\ &= \frac{90.966}{245} \cdot \sqrt{1 + 48 \cdot \left(\frac{0,16 \cdot 2,5 + 0,58 \cdot 0,2 \cdot 18,3762}{17,6545}\right)^2} = 523\text{MPa}\end{aligned} \tag{2.9}$$

Essendo la tensione equivalente $\boldsymbol{\sigma_{eq} = 523MPa}$ inferiore a $\boldsymbol{S_p = 600MPa}$ i bulloni scelti sono verificati. Si calcola infine il momento di serraggio mediante la Eq.2.10.

$$M_s = F_i \cdot (0,16 \cdot p + 0,50 \cdot \mu_m \cdot D_m + 0,58 \cdot \mu_m \cdot d_2) \tag{2.10}$$

In cui $\boldsymbol{D_m}$ è il diametro medio del sottotesta della vite. Nel caso di una vite $\boldsymbol{M20}$ a testa esagonale, $\boldsymbol{D_m = 25mm}$, quindi:

$$M_s = 90.966 \cdot (0,16 \cdot 2,5 + 0,50 \cdot 0,2 \cdot 25 + 0,58 \cdot 0,2 \cdot 18,3762) = 458\text{Nm} \tag{2.11}$$

In alternativa, in assenza di dati precisi sui coefficienti di attrito e sulla forma del sottotesta, è possibile utilizzare la relazione approssimata (valida solo per giunzioni acciaio su acciaio):

$$M_s = 0,2 \cdot F_i \cdot d = 0,2 \cdot 90.966 \cdot 20 = 364\text{Nm} \tag{2.12}$$

2.2 Esercizio 2

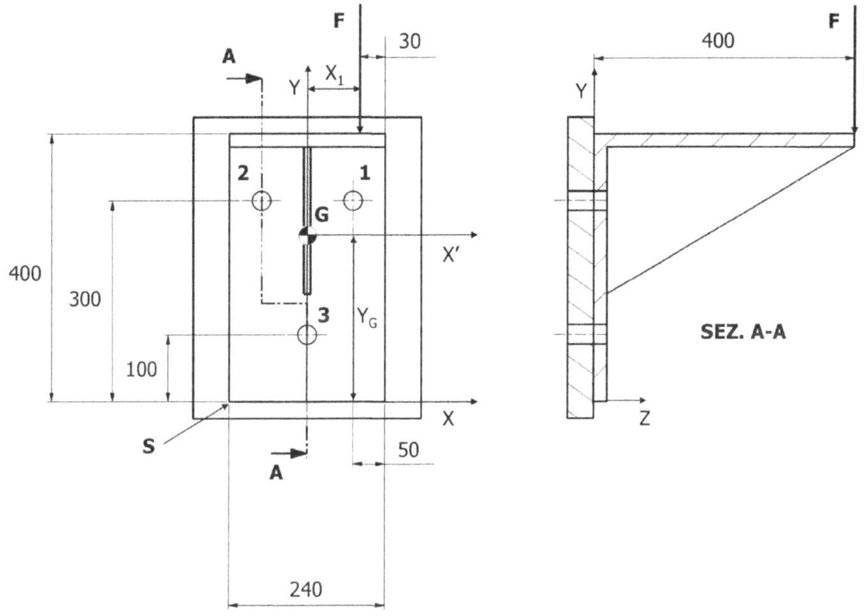

Figura 2.5: Schema di carico e disposizione dei bulloni

La mensola mostrata in Fig. 2.5 è caricata all'estremo libero da una forza $\boldsymbol{F = 20kN}$. Si desidera fissare la mensola alla parete retrostante per mezzo di tre bulloni di uguale diametro e classe di resistenza **6.8**, mantenendo un coefficiente di sicurezza $\boldsymbol{CS = 2}$. Il coefficiente di attrito fra le piastre vale $\boldsymbol{\mu = 0.20}$ mentre il coefficiente di attrito medio nel bullone vale $\boldsymbol{\mu_m = 0.15}$. Si ipotizza che la mensola sia sufficientemente rigida da poter considerare lo spigolo $\boldsymbol{S}$, coincidente con l'asse $\boldsymbol{X - X}$ come asse neutro di flessione per la bullonatura. Si richiede di: (i) dimensionare i bulloni ad attrito, (ii) calcolare il momento di serraggio $\boldsymbol{M_s}$ tale da garantire il corretto precarico iniziale dei bulloni $\boldsymbol{F_i}$, (iii) calcolare la tensione equivalente secondo von Mises nel gambo della vite più sollecitata, all'atto del caricamento esterno.

Soluzione

La forza esterna $\boldsymbol{F}$ produce sui bulloni un taglio, in direzione $\boldsymbol{Y}$, che si ripartisce in uguale misura su ogni bullone. Inoltre essa dà luogo ad un momento torcente orientato secondo l'asse $\boldsymbol{Z}$ pari al prodotto della forza $\boldsymbol{F}$ per la distanza $\boldsymbol{X_1}$ che separa il punto di applicazione della forza dal baricentro delle sezioni dei bulloni. Infine, essa $\boldsymbol{F}$ genera un momento flettente orientato secondo l'asse $\boldsymbol{X}$, pari al prodotto della forza per la lunghezza della mensola in direzione $\boldsymbol{Z}$. E' quindi necessario, per prima cosa, calcolare le coordinate del baricentro rispetto agli assi cartesiani $\boldsymbol{X}$ e $\boldsymbol{Y}$ di Fig. 2.5.

$$\begin{cases} X_G = 0mm \\ Y_G = \frac{S_{X-X}}{\Sigma A_i} = \frac{2A\cdot(300)+A\cdot(100)}{3A} = 233,3\text{mm} \end{cases} \tag{2.13}$$

I bulloni possiedono la medesima area $\boldsymbol{A}$ e si trovano sui vertici di un triangolo, quindi il loro baricentro coincide col baricentro del triangolo. Per simmetria, il baricentro giace sull'asse $\boldsymbol{Y}$. Nota la posizione del baricentro, è possibile calcolare il momento torcente agente sulla bullonatura:

$$M_t = F \cdot \left(\frac{240}{2} - 30\right) = 20.000 \cdot 90 = 1.800\text{Nm} \tag{2.14}$$

Il momento flettente si calcola mediante la 2.15:

$$M_f = F \cdot 400 = 20.000 \cdot 400 = 8.000\text{Nm} \tag{2.15}$$

Per il dimensionamento dei bulloni occorre determinare quale sia quello più sollecitato. La Fig. 2.6 rappresenta (in scala amplificata) la rotazione rigida della mensola attorno all'asse $\boldsymbol{X}-\boldsymbol{X}$. Per l'equilibrio alla rotazione attorno a detto asse, le forze normali esercitate dai bulloni **1** e **2** sono maggiori rispetto a quella esercitata dal bullone **3**, essendo i primi posizionati ad una distanza maggiore, in direzione $\boldsymbol{Y}$ rispetto all'asse $\boldsymbol{X}-\boldsymbol{X}$. La Fig. 2.7 rappresenta l'equilibrio della mensola sotto l'azione delle forze tangenziali, dovute al momento torcente ed al taglio. Ipotizzando che la forza di taglio $\boldsymbol{F}$ si ripartisca uniformemente sui tre bulloni, si può restringere l'analisi al bullone **1**, poiché in esso la risultante delle forze di taglio $\boldsymbol{R_{t1}}$ è costruita sulla diagonale maggiore del parallelogrammo delle forze, ed è quindi maggiore in modulo rispetto a quella relativa al bullone **2**, costruita invece sulla diagonale minore del relativo parallelogrammo. Poiché il collegamento deve essere progettato per attrito, la forza di precarico, eventualmente diminuita da componenti di carico esterne

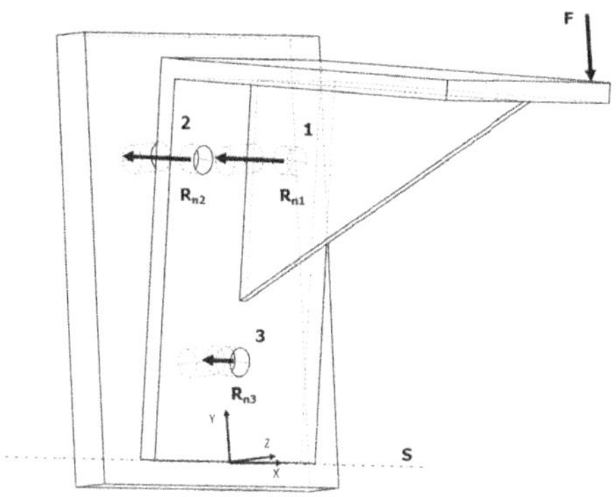

Figura 2.6: Equilibrio della mensola alla rotazione attorno allo spigolo $\boldsymbol{S}$

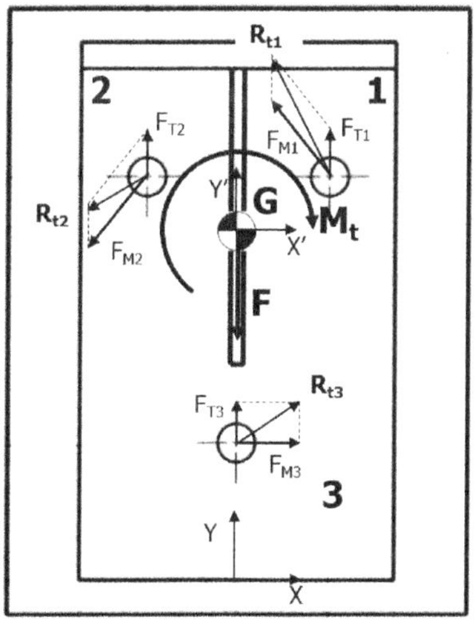

Figura 2.7: Equilibrio delle forze taglianti agenti sulla mensola

dirette lungo l'asse $\boldsymbol{Z}$, deve essere in grado di sostenere la risultante delle forze tangenziali generando una equivalente forza di attrito tra le parti con un coefficiente di sicurezza pari a $\boldsymbol{CS}$. La risultante delle forze tangenziali $\boldsymbol{R_t}$ dipende dalla forza di taglio $\boldsymbol{F}$, e dalle componenti di forza tangenziali lungo l'asse $\boldsymbol{X}$ e lungo l'asse $\boldsymbol{Y}$ dovute al momento torcente. Tali componenti sono ricavabili una volta noti il momento polare delle sezioni dei bulloni e le coordinate della posizione del bullone **1** rispetto al baricentro $\boldsymbol{G}$. Pertanto ipotizzando, a vantaggio di sicurezza, che tutta la componente assiale dovuta al momento flettente $\boldsymbol{M_f}$ vada a ridurre la pressione dell'angolare sulla parete, si può individuare la forza iniziale di serraggio mediante l'Eq. 2.16.

$$F_i = CS \cdot \left(\frac{R_t}{\mu} + R_n\right) \tag{2.16}$$

La risultante $\boldsymbol{R_t}$ delle azioni tangenziali agenti sul bullone **1** è espressa dall'Eq. 2.17 con $\boldsymbol{n}$ il numero dei bulloni, $\boldsymbol{\Sigma r_i^2 = 2 \cdot (70^2 + 66,7^2) + (233,3 - 100)^2 = 36.466,67 mm^2}$ la sommatoria dei quadrati delle distanze dei bulloni dal baricentro $\boldsymbol{G}$, $\boldsymbol{X_1' = \frac{240}{2} - 50 = 70mm}$ la distanza del bullone **1** in direzione $\boldsymbol{X}$ rispetto al baricentro $\boldsymbol{G}$ e $\boldsymbol{Y_1' = 300 - Y_G = 300 - 133,3 = 66,7mm}$ la distanza del bullone **1** in direzione $\boldsymbol{Y}$ rispetto al baricentro $\boldsymbol{G}$.

$$\begin{aligned} R_t &= \sqrt{\left(\frac{F}{n} + \frac{M_t}{\Sigma r_i^2} \cdot X_1'\right)^2 + \left(\frac{M_t}{\Sigma r_i^2} \cdot Y_1'\right)^2} = \\ &= \sqrt{\left(\frac{20.000}{3} + \frac{1.800.000}{36.466,67} \cdot 70\right)^2 + \left(\frac{1.800.000}{36.466,67} \cdot 66,7\right)^2} = \\ &= 10.644\text{N} \end{aligned} \tag{2.17}$$

La risultante $\boldsymbol{R_n}$ delle azioni normali sul medesimo bullone è, invece, espressa dall'Eq. 2.18 in cui $\boldsymbol{\Sigma y_i^2 = 2 \cdot 300^2 + 100^2 = 190.000mm^2}$ è la sommatoria dei quadrati delle distanze dei bulloni dall'asse $\boldsymbol{X - X}$ assunto come asse neutro di flessione, $\boldsymbol{Y_1}$ è la distanza lungo l'asse $\boldsymbol{Y}$ che separa il bullone **1** sempre dall'asse $\boldsymbol{X - X}$.

$$R_n = \frac{M_f}{\Sigma y_i^2} \cdot Y_1 = \frac{8.000.000}{190.000} \cdot 300 = 12.632\text{N} \tag{2.18}$$

Sostituendo i risultati delle Eqn. 2.17 e 2.18 nella 2.16 si ottiene:

$$F_i = 2 \cdot \left(\frac{10.644}{0,2} + 12.632 \right) = 131.704\text{N} \tag{2.19}$$

La scelta del bullone si effettua in funzione della $\boldsymbol{F_i}$ attraverso l'Eq. 2.20 che permette di calcolare l'area minima necessaria $\boldsymbol{A_{t\_min}}$ e, dunque, il diametro nominale della vite.

$$A_{t\_min} = \frac{SR \cdot F_i}{S_p} = \frac{1,3 \cdot 131.704}{440} = 389,1\text{mm}^2 \tag{2.20}$$

Nell'Eq. 2.20, $\boldsymbol{S_p}$ è la tensione di precarico ricavabile per la vite di classe ***6.8*** dalla tabella di Fig. 2.8.

Classi di resistenza ISO 898-1		3.6	4.6	4.8	5.6	5.8	6.8	8.8 ≤M16	8.8 >M16	10.9	12.9
Tensione di rottura S_u [MPa]	nom.	300	400		500		600	800	800	1000	1200
	min.	330	400	420	500	520	600	800	830	1040	1220
Tensione di snervamento[1] S_Y [MPa]	nom.	180	240	320	300	400	480	640	640	900	1080
	min.	190	240	340	300	420	480	640	660	940	1100
Tensione di precarico[2] S_P [MPa]		180	225	310	280	380	440	580	600	830	970
Allungamento dopo rottura A %	min.	25	22	14	20	10	8	12	12	9	8
Durezza Rockwell HR	min.	B52	B67	B71	B79	B82	B89	C22	C23	C32	C39
	max.	B95					B99,5	C32	C34	C39	C44

[1] Valore corrispondente ad una deformazione permanente dello 0,2% misurata sul materiale con macchina di prova

[2] La tensione limite di precarico corrisponde ad un allungamento permanente non superiore a 0,0025 mm misurato nei bulloni

Figura 2.8: Caratteristiche meccaniche per le viti metriche

Nell'equazione 2.20 compare un fattore di amplificazione dei carichi, o ***Stress Ratio***, che tiene conto della torsione conferita al gambo della vite all'atto del serraggio e del sovraccarico assiale gravante sulla vite in fase di esercizio. Il valore comunemente adottato $\boldsymbol{SR = 1,3}$ si riferisce al caso di filettatura metrica, attrito nei filetti pari a $\boldsymbol{\mu_t = 0,15}$ e piastre rigide. Una volta scelta la vite, si dovrà verificarla utilizzando i valori veri di coefficiente di attrito e di rigidezza delle piastre. E' quindi necessario scegliere viti con area maggiore o uguale a ***389,1mm***$^{\boldsymbol{2}}$. Dalla tabella di Fig. 2.9 si sceglie la vite ***M27***, passo ***p=3mm*** avente $\boldsymbol{A_t}$***=459mm***$^{\boldsymbol{2}}$.

In risposta la quesito (ii), poiché i coefficienti di attrito $\boldsymbol{\mu_{th}}$ e $\boldsymbol{\mu_u}$ sono noti, è possibile calcolare la coppia di serraggio necessaria a garantire il precarico iniziale mediante la formula 2.21:

ISO 898-1	Passo grosso		Passo fine	
Diametro nominale d	Passo p	Sezione resistente A_t	Passo p	Sezione resistente A_t
[mm]	[mm]	[mm²]	[mm]	[mm²]
3	0,5	5,03		
3,5	0,6	6,78		
4	0,7	8,78		
5	0,8	14,2		
6	1	20,1		
7	1	28,9		
8	1,25	36,6	1	39,2
10	1,5	58,0	1,25	61,2
12	1,75	84,3	1,25	92,1
14	2	115	1,5	125
16	2	157	1,5	167
18	2,5	192	1,5	216
20	2,5	245	1,5	272
22	2,5	303	1,5	333
24	3	353	2	384
27	3	459	2	496
30	3,5	561	2	621
33	3,5	694	2	761
36	4	817	3	865
39	4	976	3	1030

Figura 2.9: Caratteristiche geometriche per le viti metriche

$$M_s = F_i \cdot (0,16 \cdot p + 0,50 \cdot \mu_u \cdot D_m + 0,58 \cdot \mu_{th} \cdot d_2) \tag{2.21}$$

I valori geometrici, relativi alla vite $\boldsymbol{M27}$ con testa esagonale, sono $\boldsymbol{p = 3mm}$, $\boldsymbol{d_2 = d - 0,64952p = 25,051mm}$ e $\boldsymbol{D_w = 38mm}$. Si ha quindi:

$$D_m = \frac{D_w + d}{2} = \frac{38 + 27}{2} = 32,5\text{mm} \tag{2.22}$$

Sostituendo i valori numerici nella Eq. 2.21, si ha:

$$\begin{aligned} M_s &= 131.704 \cdot (0,16 \cdot 3 + 0,50 \cdot 0,15 \cdot 32,5 + 0,58 \cdot 0,15 \cdot 25,051) = \\ &= 671,287\text{Nm} \end{aligned} \tag{2.23}$$

La frazione di coppia di serraggio che attraversa il gambo della vite può essere calcolata mediante l'Eq. 2.24:

$$\begin{aligned} M_{th} &= F_i \cdot (0,16 \cdot p + 0,58 \cdot \mu_{th} \cdot d_2) = \\ &= 131.704 \cdot (0,16 \cdot 3 + 0,58 \cdot 0,15 \cdot 25,051) = 350,259\text{Nm} \end{aligned} \tag{2.24}$$

Per il calcolo della tensione equivalente di von Mises in presenza del carico esterno, si osserva quanto segue: (a) il carico esterno inizia ad agire un istante dopo la fine della fase di serraggio, (b) immediatamente dopo la fine della fase di serraggio, la coppia che attraversa il gambo della vite può essere considerata pari al **50%** di quella iniziale (fonte: "J. H. Bickford - Introduction to the Design and Behavior of Bolted Joints", 4 Ed. Non-Gasketed Joints, CRC Press, 2008"), calcolata in precedenza mediante l'Eq. 2.24. Di conseguenza si può scrivere:

$$\begin{aligned}\sigma_{eq} &= \sqrt{\left(\frac{F_b}{A_t}\right)^2 + 3\cdot\left(\frac{0,5\cdot 16\cdot M_{th}}{\pi\cdot d_t^3}\right)^2} = \\ &= \sqrt{\left(\frac{4\cdot F_b}{\pi\cdot d_t^2}\right)^2 + 3\cdot\left(\frac{8\cdot M_{th}}{\pi\cdot d_t^3}\right)^2}\end{aligned} \tag{2.25}$$

Per il calcolo della forza $\boldsymbol{F_b}$ che si scarica sul bullone in fase di esercizio, in assenza di dati più precisi sul materiale e sulla geometria delle flange, si ipotizza, a favore di sicurezza, che il carico venga applicato al bullone in corrispondenza del sottotesta della vite e della superficie di contatto fra dado e flange. Supponendo che $\boldsymbol{R_n < F_i}$, si può quindi scrivere:

$$F_b = F_i + CS\cdot R_n\cdot\frac{K_b}{K_b + K_f} \tag{2.26}$$

Ipotizzando inoltre che la rigidezza delle flange sia circa il triplo della rigidezza del bullone $\boldsymbol{K_f = 3\cdot K_b}$, e calcolando la risultante delle azioni normali con la 2.68, si ottiene:

$$\begin{aligned}F_b &= 131.704 + 2\cdot 12.632\cdot\frac{\cancel{K_b}}{\cancel{K_b} + 3\cdot\cancel{K_b}} = \\ &= 131.704 + 25.264\cdot\frac{1}{4} = 138.020\text{N}\end{aligned} \tag{2.27}$$

Ricordando che $\boldsymbol{d_t = d - 0,9382p = 24,185mm}$, e sostituendo i valori ottenuti nelle 2.24, 2.27 nella 2.25, si ha:

$$\sigma_{eq} = \sqrt{\left(\frac{4\cdot 138.020}{\pi\cdot 24,185^2}\right)^2 + 3\cdot\left(\frac{8\cdot 350.259}{\pi\cdot 24,185^3}\right)^2} = 320\text{MPa} \tag{2.28}$$

Poiché $\boldsymbol{S_p = 440 > \sigma_{eq} = 320}$ (Fig. 2.8) la vite risulta verificata.

2.3 Esercizio 3

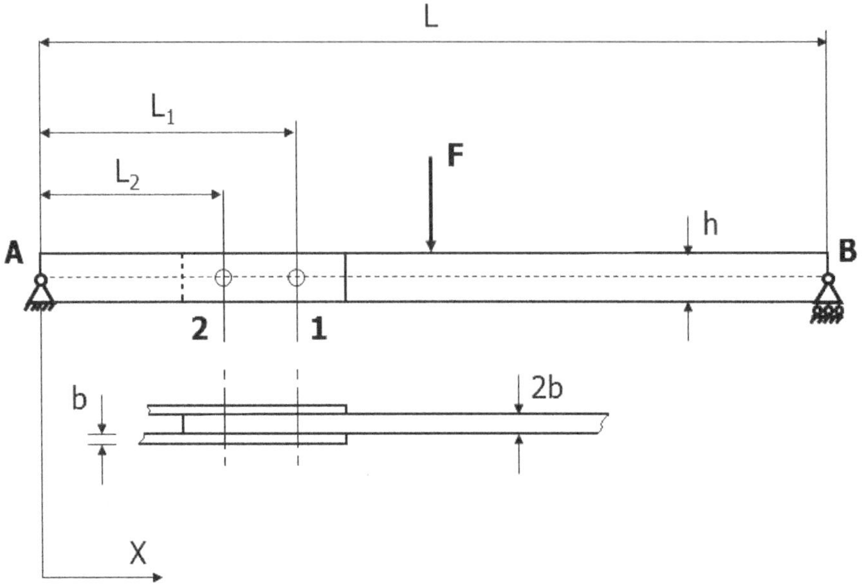

Figura 2.10: Schema di carico e disposizione dei bulloni

La trave di Fig. 2.10 ha lunghezza $\boldsymbol{L = 1,5m}$, è vincolata in $\boldsymbol{A}$ con un appoggio, in $\boldsymbol{B}$ con un carrello ed è caricata in mezzeria da una forza $\boldsymbol{F = 10.000N}$. La trave è composta da tre piatti in acciaio zincato, di dimensioni $\boldsymbol{b = 10mm}$ e $\boldsymbol{h = 100mm}$ aventi limite di snervamento $\boldsymbol{S_y = 275MPa}$. I tre piatti sono uniti mediante un collegamento bullonato a coprigiunto, lavorante per attrito, che consta di due bulloni zincati di uguale sezione e classe di resistenza **5.8**. I due bulloni sono posizionati a distanza $\boldsymbol{L_1 = 400mm}$ e $\boldsymbol{L_2 = 200mm}$ dall'estremo $\boldsymbol{A}$ della trave. Imponendo un coefficiente di sicurezza $\boldsymbol{CS = 2}$, si dimensionino i bulloni e si indichi la coppia di serraggio $\boldsymbol{M_s}$ necessaria a garantirne il corretto precarico iniziale.

Soluzione

Si risolve prima l'equilibrio della trave, tracciando i diagrammi del taglio e del momento flettente come mostrato in Fig. 2.11. Si considerano quindi i bulloni soggetti alle azioni esterne presenti in corrispondenza del loro baricentro comune, situato ad ascissa $\boldsymbol{x = L'}$. E' quindi necessario individuare l'ascissa del baricentro:

$$L' = \frac{L_1 + L_2}{2} = \frac{400 + 200}{2} = 300\text{mm} \tag{2.29}$$

In corrispondenza di tale ascissa si ha:

$$T_{L'} = \frac{F}{2} = 5.000\text{N} \tag{2.30}$$

$$M_{f\_L'} = \frac{F}{2} \cdot L' = 5.000 \cdot 300 = 1.500\text{Nm} \tag{2.31}$$

I bulloni sono soggetti solamente ad azioni tangenziali, derivanti dal

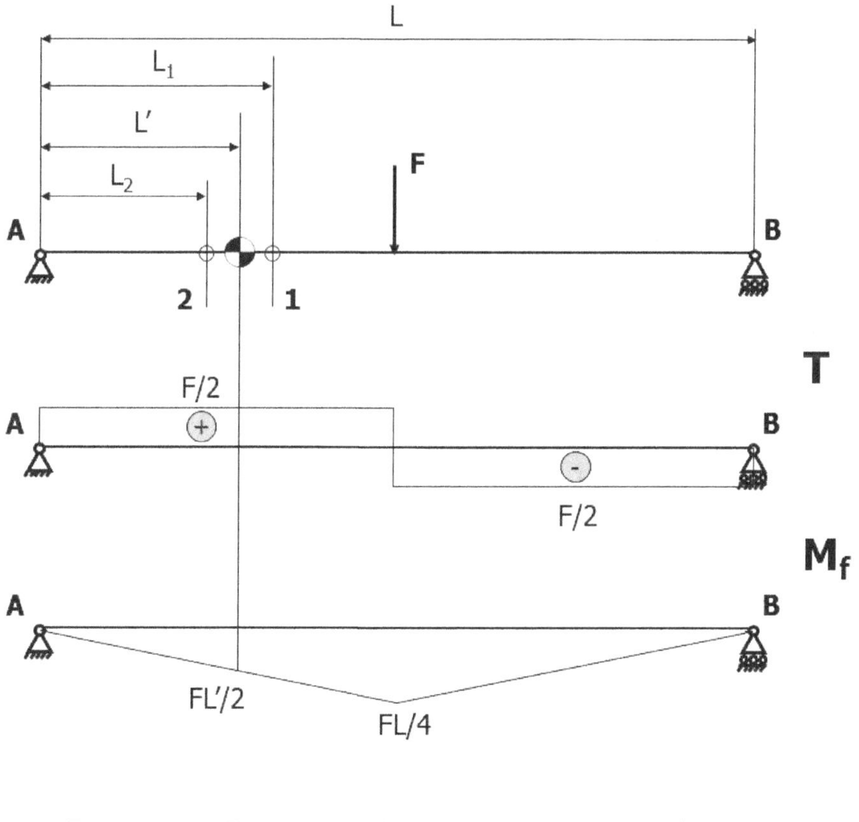

Figura 2.11: Diagrammi del taglio e del momento flettente

taglio e dal momento flettente esterni, calcolati per mezzo delle 2.30 e 2.31. Facendo riferimento alla Fig. 2.12, che riporta una vista ingrandita del giunto, si può notare come, nel caso del bullone **1**, le azioni tangenziali dovute al taglio ed al momento flettente siano di verso discorde, mentre esse abbiano verso concorde nel caso del bullone **2**. A favore di sicurezza, il calcolo della risultante delle azioni tangenziali viene pertanto eseguito in riferimento al bullone **2**. Si ipotizza inoltre che il taglio si ripartisca equamente fra gli $\boldsymbol{n=2}$ bulloni. Si ha:

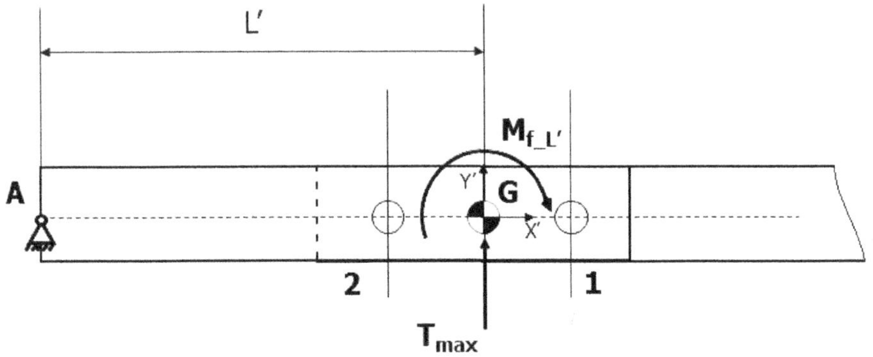

Figura 2.12: Azioni esterne in corrispondenza del baricentro della bullonatura

$$\begin{aligned} R_t &= \frac{T_{L'}}{n} + \frac{M_{f\_L'}}{\Sigma r_i^2} \cdot (L' - L_2) \\ &= \frac{5.000}{2} + \frac{1.500.000}{(400-300)^2 + (300-200)^2} \cdot (300 - 200) = 10.000\mathrm{N} \end{aligned} \tag{2.32}$$

Nel caso in esame i coefficienti di attrito non sono dati, ma essendo sia le piastre che i bulloni realizzati in acciaio zincato si può assumere un valore medio del coefficiente di attrito (nei filetti, nel sottotesta e fra le piastre) pari a $\boldsymbol{\mu = 0,15}$. Inoltre, vista la conformazione a coprigiunto, si hanno due coppie di superfici a contatto $\boldsymbol{z}$ che trasmettono lo sforzo di taglio: si pone quindi $\boldsymbol{z = 2}$. Si può allora determinare la forza di precarico iniziale $\boldsymbol{F_i}$ come segue:

$$F_i = \frac{CS \cdot R_t}{\mu \cdot z} = \frac{2 \cdot 10.000}{0,15 \cdot 2} = 66.666,7\mathrm{N} \tag{2.33}$$

Si passa quindi a calcolare l'area resistente minima richiesta per la vite, utilizzando un fattore di amplificazione dei carichi, o ***Stress Ratio***, che tiene conto della torsione conferita al gambo della vite all'atto del serraggio e del sovraccarico assiale gravante sulla vite in fase di esercizio. Il valore comunemente adottato $\boldsymbol{SR = 1,3}$ si riferisce al caso di filettatura metrica, attrito nei filetti pari a $\boldsymbol{\mu_t = 0,15}$ e piastre rigide.

$$A_{t\_min} = \frac{SR \cdot F_i}{S_p} = \frac{1,3 \cdot 66.666,7}{380} = 228,1\text{mm}^2 \tag{2.34}$$

Nell'Eq. 2.34, $\boldsymbol{S_p}$ è la tensione di precarico ricavabile per la vite di classe ***5.8*** dalla tabella di Fig. 2.13. Dalla tabella di Fig. 2.14 selezioniamo

Classi di resistenza ISO 898-1		3.6	4.6	4.8	5.6	5.8	6.8	8.8 ≤M16	8.8 >M16	10.9	12.9
Tensione di rottura S_u [MPa]	nom.	300	400		500		600	800	800	1000	1200
	min.	330	400	420	500	520	600	800	830	1040	1220
Tensione di snervamento[1] S_Y [MPa]	nom.	180	240	320	300	400	480	640	640	900	1080
	min.	190	240	340	300	420	480	640	660	940	1100
Tensione di precarico[2] S_P [MPa]		180	225	310	280	380	440	580	600	830	970
Allungamento dopo rottura A %	min.	25	22	14	20	10	8	12	12	9	8
Durezza Rockwell HR	min.	B52	B67	B71	B79	B82	B89	C22	C23	C32	C39
	max.	B95					B99,5	C32	C34	C39	C44

[1] Valore corrispondente ad una deformazione permanente dello 0,2% misurata sul materiale con macchina di prova

[2] La tensione limite di precarico corrisponde ad un allungamento permanente non superiore a 0,0025 mm misurato nei bulloni

Figura 2.13: Caratteristiche meccaniche per le viti metriche

la vite ***M20***, passo ***p=2,5mm*** avente $\boldsymbol{A_t=245mm^2}$. Si passa ora al calcolo della coppia di serraggio $\boldsymbol{M_s}$. Per quanto detto in precedenza in merito ai coefficienti di attrito, è possibile calcolare la coppia di serraggio necessaria a garantire il precarico iniziale mediante la formula 2.35:

$$M_s = F_i \cdot (0,16 \cdot p + 0,50 \cdot \mu \cdot D_m + 0,58 \cdot \mu \cdot d_2) \tag{2.35}$$

I valori geometrici richiesti, relativi alla vite $\boldsymbol{M20}$ con testa esagonale, sono $\boldsymbol{d_2 = d - 0,64952p = 18.38mm}$ e $\boldsymbol{D_w = 28,2mm}$. Si ha quindi:

$$D_m = \frac{D_w + d}{2} = \frac{28,2 + 20}{2} = 24,1\text{mm} \tag{2.36}$$

ISO 898-1	Passo grosso		Passo fine	
Diametro nominale d	Passo p	Sezione resistente A_t	Passo p	Sezione resistente A_t
[mm]	[mm]	[mm^2]	[mm]	[mm^2]
3	0,5	5,03		
3,5	0,6	6,78		
4	0,7	8,78		
5	0,8	14,2		
6	1	20,1		
7	1	28,9		
8	1,25	36,6	1	39,2
10	1,5	58,0	1,25	61,2
12	1,75	84,3	1,25	92,1
14	2	115	1,5	125
16	2	157	1,5	167
18	2,5	192	1,5	216
20	2,5	245	1,5	272
22	2,5	303	1,5	333
24	3	353	2	384
27	3	459	2	496
30	3,5	561	2	621
33	3,5	694	2	761
36	4	817	3	865
39	4	976	3	1030

Figura 2.14: Caratteristiche geometriche per le viti metriche

Sostituendo i valori numerici nella Eq. 2.35, si ha:

$$M_s = 66.666,7 \cdot (0,16 \cdot 2,5 + 0,50 \cdot 0,15 \cdot 24,1 + 0,58 \cdot 0,15 \cdot 18,38) = \\ = 253,771\text{Nm} \tag{2.37}$$

In assenza di dati precisi sui coefficienti di attrito della giunzione, ed essendo tutti i componenti realizzati in acciaio zincato, si potrebbe, in alternativa, calcolare la coppia di serraggio con la seguente formula semplificata:

$$M_s = 0,2 \cdot F_i \cdot d = 0,2 \cdot 66.666,7 \cdot 20 = 266,667\text{Nm} \tag{2.38}$$

Come si vede, utilizzando la formula semplificata si sovrastima la coppia di serraggio di circa il **5%**. E' importante ribadire che tale formula semplificata può essere impiegata solamente in presenza di bulloni e piastre in acciaio zincato, ed in assenza di dati specifici sui coefficienti di attrito.

Si esegue infine la verifica a flessione della sezione **1** della trave (facendo riferimento indifferentemente al piatto forato centrale di spessore

2*b* o ai due coprigiunto di spessore ***b***), che risultano indeboliti dal foro di passaggio del bullone **1**. Si calcola inizialmente il momento flettente agente in tale sezione:

$$M_{f\_L1} = \frac{F}{2} \cdot L1 = 5.000 \cdot 400 = 2.000\text{Nm} \tag{2.39}$$

La tensione massima dovuta al momento flettente si ha sullo spigolo esterno del piatto forato, il cui momento d'inerzia nella sezione **2** è esprimibile come:

$$I_{zz\_L1} = \frac{1}{12} \cdot \left(2b \cdot h^3 - 2b \cdot d_h^3\right) \tag{2.40}$$

Dove $\boldsymbol{d_h}$ è il diametro del foro di passaggio della vite. I fori di passaggio

Diametri di foratura da ISO 273 -1979			
	dh [mm]		
	classe di precisione		
d [mm]	fine	media	grezza
3	3.2	3.4	3.6
4	4.3	4.5	4.8
5	5.3	5.5	5.8
6	6.4	6.6	6.7
8	8.4	9	10
10	10.5	11	12
12	13	13.5	14.5
14	15	15.5	16.5
16	17	17.5	18.5
18	19	20	21
20	21	22	24
22	23	24	26
24	25	26	28
27	28	30	32
30	31	33	35
33	34	36	38
36	37	39	42
39	40	42	45

Figura 2.15: Diametri di foratura normati per bullonature passanti

da prevedere per bullonature passanti sono normati in funzione della classe di precisione del giunto (fine, media o grezza) e del diametro

nominale della vite. Un estratto della normativa $\boldsymbol{ISO273-1979}$ è riportato nella tabella di Fig. 2.15.
Ipotizzando una classe di precisione media, ed essendo $\boldsymbol{d=20mm}$ per la vite selezionata, si ha dalla tabella $\boldsymbol{d_h=22mm}$. Il momento d'inerzia espresso dalla 2.40 può essere quindi calcolato come:

$$I_{zz\_L1}=\frac{1}{12}\cdot\left(20\cdot 100^3-20\cdot 22^3\right)=1.648.920\mathrm{mm}^4 \tag{2.41}$$

Quindi la tensione massima dovuta al momento flettente, calcolata in corrispondenza dell'estradosso o intradosso della trave vale:

$$\sigma_f=\frac{M_{f\_L1}}{I_{zz\_L1}}\cdot\frac{h}{2}=\frac{2.000.000}{1.648.920}\cdot 50=61\mathrm{MPa} \tag{2.42}$$

Essendo per il materiale dei piatti $\boldsymbol{S_y=275MPa}$, e trascurando il contributo del taglio che risulta essere di un ordine di grandezza inferiore, si ottiene un coefficiente di sicurezza $\boldsymbol{CS}$ pari a:

$$CS=\frac{S_y}{\sigma_f}=\frac{275}{61}=4,5 \tag{2.43}$$

che può essere considerato accettabile, essendo stato imposto $\boldsymbol{CS=2}$ per la bullonatura.

2.4 Esercizio 4

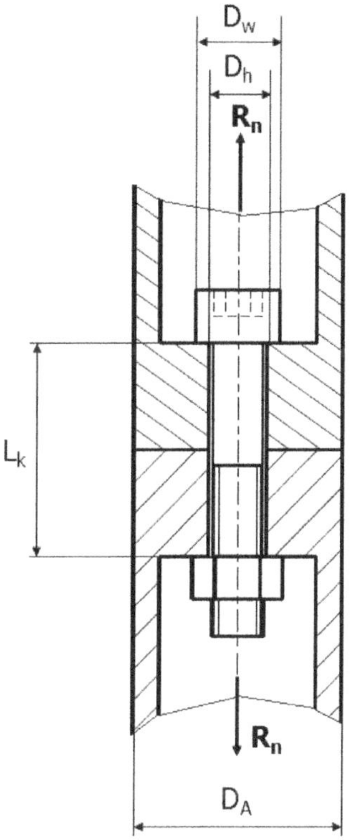

Figura 2.16: Schema del giunto

Il giunto riportato in Fig. 2.16 è composto da due bicchieri in lega di alluminio ***EN AC 42000***, ***E=71.000MPa***, S_u***=250MPa***, p_G***=380MPa*** uniti mediante un bullone composto da una vite ***M10*** di classe ***8.8***, ***E=200.000MPa*** con testa ad esagono incassato di diametro D_w***=16mm*** e relativo dado serie normale di classe ***8***. Il foro sul fondo dei bicchieri ha diametroD_h***=11mm***, un diametro esterno D_A***=40mm*** ed una lunghezza utile L_k***=40mm***. Il coefficiente di attrito tra i bicchieri è $\mu = 0,35$, il coefficiente di attrito nel sottotesta vale $\mu_u = 0,25$, mentre il coefficiente di attrito nei filetti vale $\mu_{th} = 0,15$. Il bullone viene serrato, con una chiave dinamometrica, fino a raggiungere un precarico di F_i***=23.590N***. Immediatamente dopo la fine della fase di serraggio, viene applicato ai due bicchieri un carico esterno assiale pari a

$\boldsymbol{R_n}$=***20.000N***. Si richiede di valutare: (i) la coppia di serraggio $\boldsymbol{M_s}$ necessaria a raggiungere il precarico desiderato, (ii) la tensione equivalente di von Mises nella sezione resistente della vite al serraggio, (iii) la forza complessiva $\boldsymbol{F_b}$ che si scarica sulla vite all'atto del caricamento esterno, e la relativa tensione equivalente di von Mises (iv) la massima forza trasversale $\boldsymbol{R_t}$ trasmissibile dal giunto quando anche il carico esterno $\boldsymbol{R_n}$ sia applicato, (v) la verifica a pressione ammissibile dei bicchieri, in corrispondenza del sottotesta della vite.

Soluzione

Poiché i coefficienti di attrito $\boldsymbol{\mu_{th}}$ e $\boldsymbol{\mu_u}$ sono noti, è possibile calcolare la coppia di serraggio necessaria a garantire il precarico iniziale mediante la formula 2.44:

$$M_s = F_i \cdot (0,16 \cdot p + 0,50 \cdot \mu_u \cdot D_m + 0,58 \cdot \mu_{th} \cdot d_2) \tag{2.44}$$

I valori geometrici, relativi alla vite $\boldsymbol{M10}$ con testa ad esagono incassato, sono $\boldsymbol{p = 1,5mm}$, $\boldsymbol{d_2 = d - 0,64952p = 9,026mm}$ e $\boldsymbol{D_w = 16mm}$. Si ha quindi:

$$D_m = \frac{D_w + d}{2} = \frac{16 + 10}{2} = 13\text{mm} \tag{2.45}$$

Sostituendo i valori numerici nella Eq. 2.44, si ha:

$$M_s = 23.590 \cdot (0,16 \cdot 1,5 + 0,50 \cdot 0,25 \cdot 13 + 0,58 \cdot 0,15 \cdot 9,026) = 62,519\text{Nm} \tag{2.46}$$

In risposta al quesito (ii) si osserva che, all'atto del serraggio, agiscono nella sezione resistente della vite: (a) la forza di precarico iniziale $\boldsymbol{F_i = 23.590N}$, (b) la frazione di coppia di serraggio che attraversa il gambo della vite. Quest'ultima può essere calcolata mediante l'Eq. 2.47:

$$M_{th} = F_i \cdot (0,16 \cdot p + 0,58 \cdot \mu_{th} \cdot d_2) = 24,185\text{Nm} \tag{2.47}$$

Ricordando che $\boldsymbol{d_t = d - 0,9382p = 8,593mm}$ e che, per la vite in esame, $\boldsymbol{A_t = \frac{\pi \cdot d_t^2}{4} = 58mm^2}$, è possibile calcolare la tensione equivalente secondo von Mises mediante l'Eq. 2.48:

$$
\begin{aligned}
\sigma_{eq} &= \sqrt{\left(\frac{4 \cdot F_i}{\pi \cdot d_t^2}\right)^2 + 3 \cdot \left(\frac{16 \cdot M_{th}}{\pi \cdot d_t^3}\right)^2} \\
&= \sqrt{\left(\frac{F_i}{A_t}\right)^2 + 48 \cdot \left[\left(\frac{F_i}{A_t}\right) \cdot \frac{(0,16 \cdot p + 0,58 \cdot \mu_m \cdot d_2)}{d_t}\right]^2} \\
&= \frac{23.590}{58} \cdot \sqrt{1 + 48 \cdot \left(\frac{0,16 \cdot 1,5 + 0,58 \cdot 0,15 \cdot 9,026}{8,593}\right)^2} = 528\text{MPa}
\end{aligned}
\tag{2.48}
$$

Classi di resistenza ISO 898-1		3.6	4.6	4.8	5.6	5.8	6.8	8.8 ≤M16	8.8 >M16	10.9	12.9
Tensione di rottura S_u [MPa]	nom.	300	400		500		600	800	800	1000	1200
	min.	330	400	420	500	520	600	800	830	1040	1220
Tensione di snervamento[1] S_Y [MPa]	nom.	180	240	320	300	400	480	640	640	900	1080
	min.	190	240	340	300	420	480	640	660	940	1100
Tensione di precarico[2] S_P [MPa]		180	225	310	280	380	440	580	600	830	970
Allungamento dopo rottura A %	min.	25	22	14	20	10	8	12	12	9	8
Durezza Rockwell HR	min.	B52	B67	B71	B79	B82	B89	C22	C23	C32	C39
	max.	B95					B99,5	C32	C34	C39	C44

[1] Valore corrispondente ad una deformazione permanente dello 0,2% misurata sul materiale con macchina di prova

[2] La tensione limite di precarico corrisponde ad un allungamento permanente non superiore a 0,0025 mm misurato nei bulloni

Figura 2.17: Caratteristiche meccaniche per le viti metriche

Confrontando il valore di $\boldsymbol{\sigma_{eq}}$ con il valore riportato nella tabella di Fig. 2.17 $\boldsymbol{S_p = 580MPa}$ la vite risulta verificata staticamente. In risposta al terzo quesito, è necessario stabilire uno schema di caricamento rappresentativo del giunto soggetto ad $\boldsymbol{R_n}$. In altri termini, è necessario identificare la quota $\boldsymbol{x}$, in Fig. 2.18 alla quale possano considerarsi applicate le forze esterne. E' infatti noto che il carico totale sulla vite $\boldsymbol{F_b}$, a parità di altri parametri, varia in funzione del punto di applicazione del carico esterno assiale $\boldsymbol{R_n}$. Nel caso di applicazione del carico al sottotesta di dado e vite si avrebbe:

$$
\begin{cases}
F_b = F_i + R_n \cdot \frac{K_b}{K_b + K_f} \quad \text{se} \quad R_n < R_{n\_CRIT} \\
F_b = R_n \quad \text{se} \quad R_n \geq R_{n\_CRIT}
\end{cases}
\tag{2.49}
$$

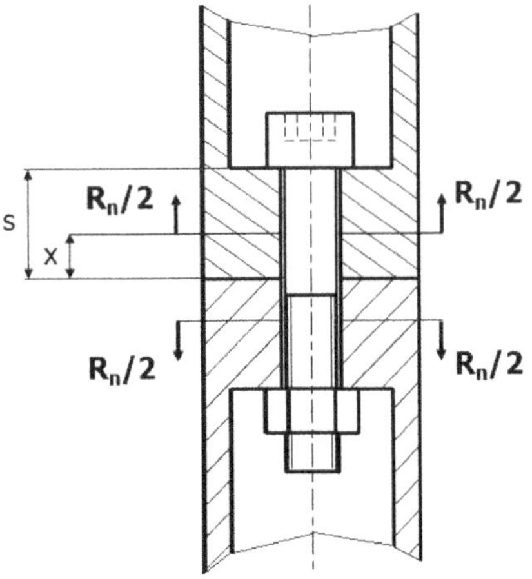

Figura 2.18: Coefficiente del piano di carico

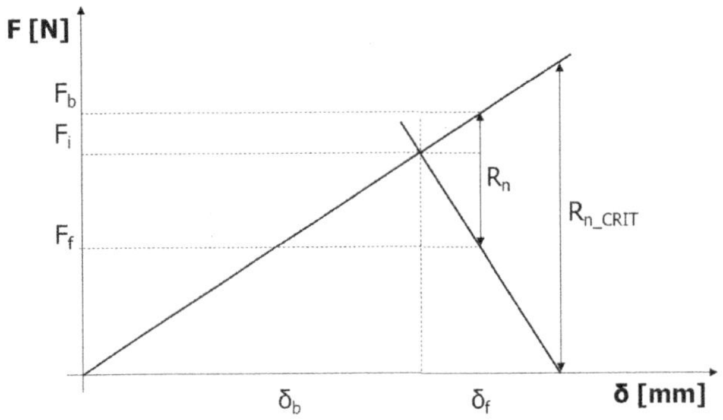

Figura 2.19: Diagramma tensoriale, carico assiale critico nel caso di caricamento al sottotesta

Dove $\boldsymbol{R_{n\_CRIT}}$ è il carico assiale esterno critico, per il quale, facendo riferimento al diagramma tensoriale di Fig. 2.50 si ha il distacco delle piastre. $\boldsymbol{R_{n\_CRIT}}$ è calcolato come:

$$R_{n\_CRIT} = F_i \cdot \frac{K_b + K_f}{K_f} \tag{2.50}$$

Nel caso opposto, ossia quando il carico $\boldsymbol{R_n}$ possa considerarsi idealmente applicato all'interfaccia fra le piastre, si ha che:

$$\begin{cases} F_b = F_i & \text{se} \quad R_n < F_i \\ F_b = R_n & \text{se} \quad R_n \geq F_i \end{cases} \tag{2.51}$$

Ossia, finché la forza assiale esterna $\boldsymbol{R_n}$ non supera la forza di precarico $\boldsymbol{F_i}$, essa ha il solo effetto di diminuire la pressione di contatto fra le due piastre. In questa fase, né la vite, né le piastre, sperimentano una variazione di carico. Quando la forza di precarico $\boldsymbol{F_i}$ viene superata, le piastre si distaccano (quindi il giunto perde la propria capacità di trasmettere carichi trasversali) e, sia la vite che le piastre, sono soggetti all'intero carico assiale esterno $\boldsymbol{R_n}$. In tale situazione il sistema elastico non lavora più come vi fosse un parallelo di rigidezze ma il comportamento meccanico è uguale a quello di un collegamento privo del carico iniziale. I casi di applicazione del carico nel sottotesta o fra le piastre sono puramente ideali, e rappresentano i limiti entro i quali i casi pratici possono rientrare. Supponendo che $\boldsymbol{R_n < F_i}$, si può quindi scrivere:

$$F_b = F_i + n \cdot R_n \cdot \frac{K_b}{K_b + K_f} \tag{2.52}$$

In cui $\boldsymbol{n = \frac{x}{s}}$ è detto coefficiente del piano di carico, e può essere espresso come rapporto fra la distanza del piano di carico ideale dal piano di interfaccia delle piastre e lo spessore delle piastre (Fig. 2.18). Per quanto riportato in precedenza, si può assumere $\boldsymbol{n = 1}$ nel caso di carico applicato al sottotesta di vite e dado e $\boldsymbol{n = 0}$ nel caso di carico applicato all'interfaccia fra le due piastre. Nel caso in esame, è stato calcolato numericamente un valore di $\boldsymbol{n = 0,14}$, ossia il comportamento del giunto rispetto a carichi esterni assiali si avvicina maggiormente al caso di caricamento all'interfaccia fra le piastre. Per poter svolgere il calcolo riportato nella Eq. 2.52, rimangono da valutare le rigidezze di vite e piastre. Il calcolo della rigidezza assiale della vite $\boldsymbol{K_b}$ può essere svolto come segue:

$$\frac{1}{K_b} = \frac{1}{K_{b\_f}} + \frac{1}{K_{b\_l}} \tag{2.53}$$

Infatti, nel caso generale di vite dal gambo parzialmente filettato, la rigidezza equivalente del tratto di vite compreso fra il sottotesta ed il dado si ottiene sommando in serie le rigidezze del tratto di gambo filettato (di area $\boldsymbol{A_t}$ e lunghezza $\boldsymbol{l_t}$) e di quello liscio (di area $\boldsymbol{A}$ e lunghezza $\boldsymbol{l_l}$):

$$\begin{cases} K_{b\_f} = \frac{E_b \cdot A_t}{l_t} \\ K_{b\_l} = \frac{E_b \cdot A}{l_l} \end{cases} \tag{2.54}$$

Sostituendo nella Eq. 2.54 i valori numerici riportati nella Fig. 2.20 con $\boldsymbol{A = \frac{\pi \cdot d^2}{4} = \frac{\pi \cdot 10^2}{4} = 78,5 mm^2}$, si ha:

$$\begin{cases} K_{b\_f} = \frac{200.000 \cdot 58}{17} = 682.353 \mathrm{N/mm} \\ K_{b\_l} = \frac{200.000 \cdot 78,5}{23} = 682.609 \mathrm{N/mm} \end{cases} \tag{2.55}$$

Da cui:

$$K_b = \frac{K_{b\_f} \cdot K_{b\_l}}{K_{b\_f} + K_{b\_l}} = 341.240 \mathrm{N/mm} \tag{2.56}$$

Per il calcolo della rigidezza delle piastre, è necessario individuare la

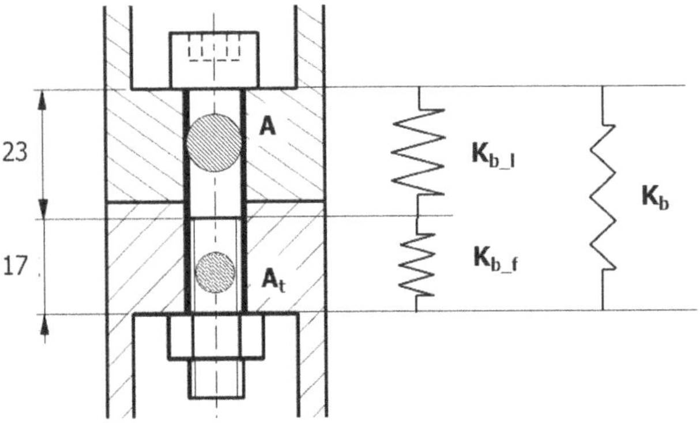

Figura 2.20: Calcolo della rigidezza assiale della vite con gambo parzialmente filettato

zona delle stesse che risulta effettivamente compressa dalla forza iniziale di serraggio $\boldsymbol{F_i}$ conferita alla vite. Facendo riferimento alla tabella di Fig. 2.21, il giunto in esame rientra nel caso $\boldsymbol{(b)}$, essendo $\boldsymbol{D_w = 16mm}$, $\boldsymbol{D_A = 40mm}$ e $\boldsymbol{L_k = 40mm}$. Si ha quindi:

$$A_{eq} = \frac{\pi}{4} \cdot \left(D_w^2 - D_h^2\right) + \frac{\pi}{8} \cdot D_w \cdot (D_A - D_w) \cdot \left[\left(\sqrt[3]{\frac{L_k \cdot D_w}{D_A^2}} + 1\right)^2 - 1\right] =$$
$$\frac{\pi}{4} \cdot \left(16^2 - 11^2\right) + \frac{\pi}{8} \cdot 16 \cdot (40 - 16) \cdot \left[\left(\sqrt[3]{\frac{40 \cdot 16}{40^2}} + 1\right)^2 - 1\right] = 410,1 mm^2 \tag{2.57}$$

Dati tratti da Niemann G, Winter H, Hohn BR. Maschinenelemente, Springer-Verlag, 2005.		
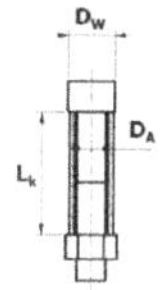	Caso (a) $D_A<D_W$	$A_{eq} = \frac{\pi}{4}(D_A^2 - D_h^2)$
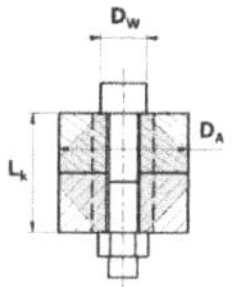	Caso (b) $D_W \leq D_A \leq D_W + L_K$	$A_{eq} = \frac{\pi}{4}(D_W^2 - D_h^2) + \frac{\pi}{8} D_W (D_A - D_W)\left[\left(\sqrt[3]{\frac{L_K \cdot D_W}{D_A^2}} + 1\right)^2 - 1\right]$
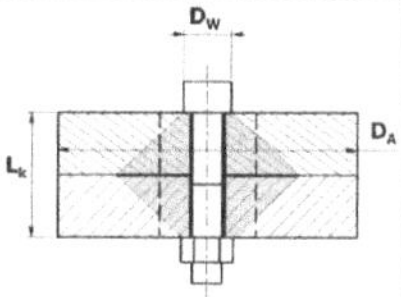	Caso (c) $D_W + L_K < D_A$	$A_{eq} = \frac{\pi}{4}(D_W^2 - D_h^2) + \frac{\pi}{8} D_W L_K \left[\left(\sqrt[3]{\frac{L_K \cdot D_W}{(L_K \cdot D_W)^2}} + 1\right)^2 - 1\right]$
D_h è il diametro del foro di passaggio della vite.		

Figura 2.21: Area equivalente compressa, calcolo mediante i coni di Roëtscher

Si può ora procedere con il calcolo della rigidezza delle piastre $\boldsymbol{K_f}$:

$$K_f = \frac{E_f \cdot A_{eq}}{l_k} = \frac{71.000 \cdot 410,1}{40} = 727.944 \text{N/mm} \tag{2.58}$$

E' possibile osservare che, come usualmente accade, la rigidezza assiale delle piastre è superiore a quella del bullone:

$$\frac{K_f}{K_b} = \frac{727.944}{341.240} = 2,13 \tag{2.59}$$

Sostituendo i valori numerici nella Eq. 2.52, si ha:

$$F_b = 23.590 + 0,14 \cdot 20.000 \cdot \frac{341.240}{341.240 + 727.944} = 24.484 \text{N} \tag{2.60}$$

Per il calcolo della tensione equivalente di von Mises in presenza del carico esterno, si osserva quanto segue: (a) il carico esterno inizia ad agire un istante dopo la fine della fase di serraggio, (b) immediatamente dopo la fine della fase di serraggio, la coppia che attraversa il gambo della vite può essere considerata pari al **50%** di quella iniziale (fonte: "J. H. Bickford - Introduction to the Design and Behavior of Bolted Joints",

4 Ed. Non-Gasketed Joints, CRC Press, 2008"), calcolata in precedenza mediante l'Eq. 2.47. Di conseguenza si può scrivere:

$$\begin{aligned}\sigma_{eq} &= \sqrt{\left(\frac{4\cdot F_b}{\pi\cdot d_t^2}\right)^2 + 3\cdot\left(\frac{0,5\cdot 16\cdot M_{th}}{\pi\cdot d_t^3}\right)^2} \\ &= \sqrt{\left(\frac{F_b}{A_t}\right)^2 + 3\cdot\left(\frac{8\cdot M_{th}}{\pi\cdot d_t^3}\right)^2} \\ &= \sqrt{\left(\frac{24.497}{58}\right)^2 + 3\cdot\left(\frac{8\cdot 24.185}{\pi\cdot 8,593^3}\right)^2} = 455\text{MPa}\end{aligned} \tag{2.61}$$

Essendo la tensione di precarico $\boldsymbol{S_p = 580MPa}$ riportata nella tabella di Fig. 2.17 superiore rispetto alla tensione equivalente appena calcolata, la vite risulta verificata staticamente. Si può inoltre osservare che la fase più gravosa in termini di sollecitazioni statiche, è quella del serraggio (si veda l'Eq. 2.48). In risposta al quesito (iv), è necessario calcolare la forza residua agente sulle flange $\boldsymbol{F_f}$ in presenza del carico esterno, mediante l'Eq. 2.62:

$$F_f = F_i - R_n\cdot\left(1 - n\cdot\frac{K_b}{K_b + K_f}\right) \tag{2.62}$$

Sostituendo i valori numerici nell'Eq. 2.62, si ha:

$$F_f = 23.590 - 20.000\cdot\left(1 - 0,14\cdot\frac{341.240}{341.240 + 727.944}\right) = 4.483\text{N} \tag{2.63}$$

In queste condizioni, il carico massimo trasversale $\boldsymbol{R_t}$ trasmissibile dal giunto è:

$$R_t = F_f\cdot\mu = 4.483\cdot 0,35 = 1.569\text{N} \tag{2.64}$$

Si esegue infine la verifica a pressione ammissibile dei bicchieri in lega di alluminio, richiesta al punto (v). Valori di pressione eccessivi nel sottotesta della vite possono dare luogo a perdite di precarico, che si manifestano in forma più grave in presenza di alte temperature, per effetto della sfavorevole combinazione con fenomeni di scorrimento viscoso ad alta temperatura (creep). La pressione di contatto $\boldsymbol{p_b}$, generata nel sottotesta dalla forza totale agente nella vite $\boldsymbol{F_b}$ deve essere confrontata con il valore limite $\boldsymbol{p_G}$ riportato, ad esempio, nella tabella di Fig. 2.22. L'area $\boldsymbol{A_p}$ di contatto, necessaria per il calcolo della pressione, viene valutata come segue:

$$A_p = \frac{\pi}{4}(D_w^2 - D_h^2) = \frac{\pi}{4}(16^2 - 11^2) = 106mm^2 \tag{2.65}$$

Pressioni superficiali limite da VDI2230 - Blatt1 2003 Tab. A9		
Materiale	**S_U [MPa]**	**p_G [MPa]**
S235	340	490
C45	700	630
EN GJS400	400	600
EN AW 6082	290	260
EN AC 42000	250	380
GD-AZ91	200	180
Ti6Al4V	890	890
I valori riportati in tabella sono puramente indicativi.		

Figura 2.22: Pressioni limite indicative per alcune tipologie di materiale

Che corrisponde all'area anulare compresa fra il diametro esterno della testa della vite ed il foro di passaggio della vite. Si calcola quindi la pressione $\boldsymbol{p_b}$:

$$p_b = \frac{F_b}{A_p} = \frac{24.484}{106} = 231\text{MPa} \tag{2.66}$$

Essendo, per il materiale $\boldsymbol{ENAC42000}$, $\boldsymbol{p_g = 380MPa}$, si ha che $\boldsymbol{p_b < p_g}$, quindi il giunto è verificato anche in termini di pressione ammissibile nel sottotesta.

2.5 Esercizio 5

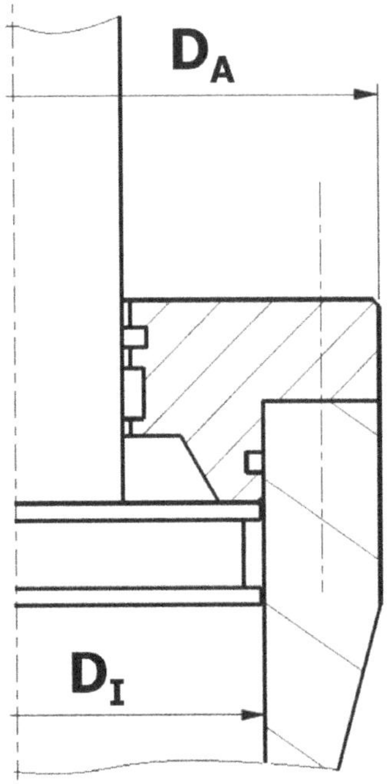

Figura 2.23: Cilindro oleodinamico

Il cilindro oleodinamico mostrato in Fig. 2.23 ha alesaggio $\boldsymbol{D_I = 150mm}$ ed è dotato di un coperchio avente diametro esterno $\boldsymbol{D_A = 220mm}$. La pressione massima dell'olio vale $\boldsymbol{p_{max} = 130bar}$. Il materiale del cilindro e del coperchio è un acciaio a basso tenore di carbonio, avente limite di snervamento $\boldsymbol{S_{Yf} = 275MPa}$. Supponendo di impiegare ***10*** viti di classe **8.8**, si richiede di dimensionare staticamente la bullonatura del coperchio, impiegando un coefficiente di sicurezza $\boldsymbol{CS = 3}$. Si esegua inoltre il calcolo della coppia di serraggio $\boldsymbol{M_s}$ necessaria a garantire il corretto precarico delle viti, valutando anche lo stato tensionale delle viti all'atto del serraggio. Il coefficiente di attrito nel sottotesta vale $\boldsymbol{\mu_u = 0,15}$, come anche il coefficiente di attrito nei filetti $\boldsymbol{\mu_{th} = 0,15}$. Supponendo che, dopo dieci operazioni di manutenzione, a causa dell'usura delle superfici, i coefficienti di attrito valgano rispettivamente $\boldsymbol{\mu_{u10} = 0,20}$ e $\boldsymbol{\mu_{th10} = 0,25}$, si valuti lo stato tensionale delle viti a parità di forza di precarico $\boldsymbol{F_{i10} = F_i}$. Si supponga, per semplicità, di poter trascurare effetti secondari di inflessione del gambo delle viti dovuti alla deformazione del coperchio.

Soluzione

Per il calcolo della forza di precarico iniziale $\boldsymbol{F_i}$ è necessario conoscere il carico esterno $\boldsymbol{R_n}$ dovuto alla pressione agente nel cilindro. A favore di sicurezza, si ipotizza che, in posizione completamente estesa, il fondello del cilindro vada in battuta sul coperchio. Si impiega quindi l'intera area del fondello per il calcolo della forza agente sulla bullonatura. Essendo $\boldsymbol{1bar = 0,1MPa}$ si ha:

$$R_{n\_tot} = CS \cdot p_{max} \cdot \frac{\pi \cdot D_I^2}{4} = 3 \cdot 13 \cdot \frac{\pi \cdot 150^2}{4} = 689.187\text{N} \quad (2.67)$$

Classi di resistenza ISO 898-1		3.6	4.6	4.8	5.6	5.8	6.8	8.8 ≤M16	8.8 >M16	10.9	12.9
Tensione di rottura S_u [MPa]	nom.	300	400		500		600	800	800	1000	1200
	min.	330	400	420	500	520	600	800	830	1040	1220
Tensione di snervamento[1] S_Y [MPa]	nom.	180	240	320	300	400	480	640	640	900	1080
	min.	190	240	340	300	420	480	640	660	940	1100
Tensione di precarico[2] S_P [MPa]		180	225	310	280	380	440	580	600	830	970
Allungamento dopo rottura A %	min.	25	22	14	20	10	8	12	12	9	8
Durezza Rockwell HR	min.	B52	B67	B71	B79	B82	B89	C22	C23	C32	C39
	max.	B95					B99,5	C32	C34	C39	C44

[1] Valore corrispondente ad una deformazione permanente dello 0,2% misurata sul materiale con macchina di prova

[2] La tensione limite di precarico corrisponde ad un allungamento permanente non superiore a 0,0025 mm misurato nei bulloni

Figura 2.24: Caratteristiche meccaniche per le viti metriche

Le dieci viti ($\boldsymbol{n = 10}$) sono disposte con spaziatura angolare costante sulla circonferenza. Poiché non ci sono azioni esterne taglianti che agiscono ortogonalmente all'asse della vite (ovvero $\boldsymbol{R_t = 0}$) la forza iniziale su ciascuna vite risulta:

$$F_i = \frac{R_{n\_tot}}{n} = \frac{689.187}{10} = 68.919\text{N} \quad (2.68)$$

Considerando per semplicità un rapporto fra le rigidezze di viti e piastre pari a $\boldsymbol{\frac{K_f}{K_b} = 3}$, con i coefficienti di attrito dati, si può assumere uno

Stress Ratio pari a $\boldsymbol{SR = 1,3}$. Tale coefficiente tiene conto della torsione conferita al gambo della vite all'atto del serraggio e del sovraccarico assiale gravante sulla vite in fase di esercizio. Facendo riferimento alla tabella di Fig. 2.24, si può quindi calcolare la sezione resistente minima della vite $\boldsymbol{A_{t\_min}}$:

$$A_{t\_min} = \frac{SR \cdot F_i}{S_p} = \frac{1,3 \cdot 68.919}{580} = 154,5\text{mm}^2 \tag{2.69}$$

Con riferimento alla tabella di Fig. 2.25, si sceglie quindi una vite $\boldsymbol{M16}$, avente sezione resistente $\boldsymbol{A_t = 157mm^2}$. Per motivi di ingombro, si

ISO 898-1	Passo grosso		Passo fine	
Diametro nominale d	Passo p	Sezione resistente A_t	Passo p	Sezione resistente A_t
[mm]	[mm]	[mm²]	[mm]	[mm²]
3	0,5	5,03		
3,5	0,6	6,78		
4	0,7	8,78		
5	0,8	14,2		
6	1	20,1		
7	1	28,9		
8	1,25	36,6	1	39,2
10	1,5	58,0	1,25	61,2
12	1,75	84,3	1,25	92,1
14	2	115	1,5	125
16	2	157	1,5	167
18	2,5	192	1,5	216
20	2,5	245	1,5	272
22	2,5	303	1,5	333
24	3	353	2	384
27	3	459	2	496
30	3,5	561	2	621
33	3,5	694	2	761
36	4	817	3	865
39	4	976	3	1030

Figura 2.25: Caratteristiche geometriche per le viti metriche

sceglie di impiegare viti con testa ad esagono incassato, e di realizzare il filetto direttamente nel corpo del cilindro. Nelle giunzioni bullonate, è buona norma verificare che, in caso di sovraccarico esterno, la vite giunga a rottura prima della madrevite. In altri termini, è opportuno evitare modalità di rottura dovute allo "strappo" dei filetti della madrevite. Quando si impiegano dadi unificati di altezza normale, purché la classe del dado sia maggiore od uguale a quella della vite (ad esempio dado di classe **8** e vite di classe **8.8**), tale verifica è automaticamente soddisfatta.

In questo caso si vuole invece realizzare i filetti della madrevite nel corpo del cilindro. Una formula semplificata per svolgere la verifica in oggetto è proposta nel testo "R.C. Juvinall, K.M. Marshek - Fondamenti della progettazione dei componenti delle macchine (Edizioni ETS, 2001)". Si

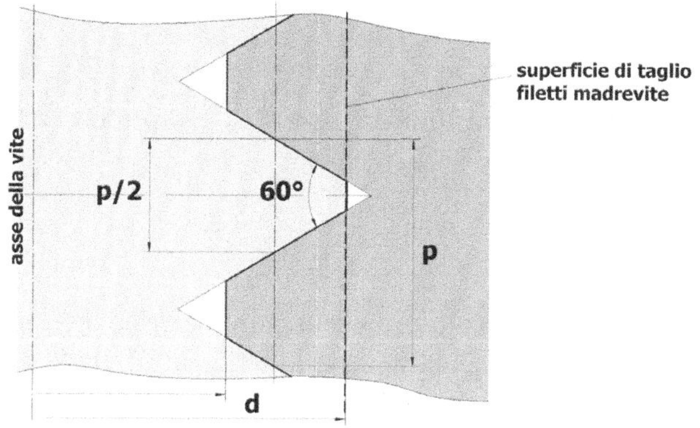

Figura 2.26: Superficie resistente a taglio nella madrevite

tratta di uguagliare la resistenza a trazione (approssimata) del gambo della vite calcolata mediante l'Eq. 2.70 con la massima forza che la superficie della madrevite soggetta a taglio è in grado di trasmettere prima di raggiungere lo snervamento secondo l'Eq. 2.71.

$$F_{b\_max} = 0,81 \cdot S_{yb} \cdot \frac{\pi \cdot d^2}{4} \tag{2.70}$$

$$F_{f\_max} = 0,75 \cdot t \cdot \pi \cdot d \cdot S_{YSf} = 0,75 \cdot t \cdot \pi \cdot d \cdot 0,58 \cdot S_{Yf} \tag{2.71}$$

Nelle Equazioni 2.70 e 2.71, i pedici ***b*** ed ***f*** indicano rispettivamente la vite e la madrevite. La superficie della madrevite soggetta a taglio è mostrata in Fig. 2.26. Uguagliando le 2.70 e 2.71 e risolvendo in ***t*** si ricava la lunghezza minima di filettatura in presa tale da garantire, in caso di sovraccarico assiale esterno, il cedimento della vite prima dello strappo dei filetti della madrevite.

$$t_{min} = \frac{S_{yb}}{S_{Yf}} \cdot \frac{d}{2,148} \tag{2.72}$$

Come si può notare, t_{min} dipende esclusivamente dalla classe della vite, dal limite di snervamento del materiale della madrevite e dal diametro nominale della filettatura. Sostituendo nell'Equazione 2.72 i valori numerici, si ha:

$$t_{min} = \frac{640}{275} \cdot \frac{16}{2,148} = 17,34\text{mm} \tag{2.73}$$

Dividendo la lunghezza minima in presa $\boldsymbol{t_{min}}$ appena calcolata per il diametro nominale della vite $\boldsymbol{d}$ si ricava:

$$\frac{t_{min}}{d} = \frac{17,34}{16} \simeq 1,1 \tag{2.74}$$

Laddove necessario, un calcolo più accurato può essere eseguito mediante il procedimento suggerito nella linea guida tedesca "VDI 2230 - Systematic calculation of high duty bolted joints - Joints with one cylindrical bolt, 2003" , relativa al calcolo di giunzioni bullonate. Si passa ora a valutare la coppia di serraggio necessaria a garantire il corretto precarico $\boldsymbol{F_i}$. Poiché i coefficienti di attrito $\boldsymbol{\mu_{th}}$ e $\boldsymbol{\mu_u}$ sono noti, è possibile calcolare la coppia di serraggio necessaria a garantire il precarico iniziale mediante la formula 2.75:

$$M_s = F_i \cdot (0,16 \cdot p + 0,50 \cdot \mu_u \cdot D_m + 0,58 \cdot \mu_{th} \cdot d_2) \tag{2.75}$$

I valori geometrici, relativi alla vite $\boldsymbol{M16}$ con testa ad esagono incassato, sono $\boldsymbol{p = 2mm}$, $\boldsymbol{d_2 = d - 0,64952p = 14,701mm}$ e $\boldsymbol{D_w = 24mm}$. Si ha quindi:

$$D_m = \frac{D_w + d}{2} = \frac{24 + 16}{2} = 20\text{mm} \tag{2.76}$$

Sostituendo i valori numerici nella Eq. 2.75, si ha:

$$\begin{aligned} M_s &= 68.919 \cdot (0,16 \cdot 2 + 0,50 \cdot 0,15 \cdot 20 + 0,58 \cdot 0,15 \cdot 14,701) = \\ &= 213,579\text{Nm} \end{aligned} \tag{2.77}$$

Per la valutazione dello stato tensionale della vite all'atto del serraggio, si osserva che, in tale fase, agiscono nella sezione resistente della vite: (a) la forza di precarico iniziale $\boldsymbol{F_i = 68.919N}$, (b) la frazione di coppia di serraggio che attraversa il gambo della vite. Quest'ultima può essere calcolata mediante l'Eq. 2.78:

$$M_{th} = F_i \cdot (0,16 \cdot p + 0,58 \cdot \mu_{th} \cdot d_2) = 110,201\text{Nm} \tag{2.78}$$

Ricordando che $\boldsymbol{d_t = d - 0,9382p = 14,1236mm}$ e che, per la vite in esame, $\boldsymbol{A_t = \frac{\pi \cdot d_t^2}{4} = 157mm^2}$, è possibile calcolare la tensione equivalente secondo von Mises mediante l'Eq. 2.79:

$$\begin{aligned}\sigma_{eq} &= \sqrt{\left(\frac{4 \cdot F_i}{\pi \cdot d_t^2}\right)^2 + 3 \cdot \left(\frac{16 \cdot M_{th}}{\pi \cdot d_t^3}\right)^2} \\ &= \sqrt{\left(\frac{F_i}{A_t}\right)^2 + 48 \cdot \left[\left(\frac{F_i}{A_t}\right) \cdot \frac{(0,16 \cdot p + 0,58 \cdot \mu_{th} \cdot d_2)}{d_t}\right]^2} \\ &= \frac{68.919}{157} \cdot \sqrt{1 + 48 \cdot \left(\frac{0,16 \cdot 2 + 0,58 \cdot 0,15 \cdot 14,701}{14,1236}\right)^2} = 558\text{MPa}\end{aligned} \tag{2.79}$$

Poiché $\boldsymbol{S_p = 580 > \sigma_{eq} = 558}$ (Fig. 2.24) la vite risulta verificata. Supponendo che, dopo dieci operazioni di manutenzione, a causa dell'usura delle superfici, i coefficienti di attrito valgano rispettivamente $\boldsymbol{\mu_{u10} = 0,20}$ e $\boldsymbol{\mu_{th10} = 0,25}$, e volendo impartire alle viti il medesimo precarico iniziale $\boldsymbol{F_{i10} = F_i}$, è necessario adeguare il momento di serraggio come segue:

$$\begin{aligned}M_{s10} &= 68.919 \cdot (0,16 \cdot 2 + 0,50 \cdot 0,20 \cdot 20 + 0,58 \cdot 0,25 \cdot 14,701) = \\ &= 306,803\text{Nm}\end{aligned} \tag{2.80}$$

Di conseguenza, il momento che attraversa il gambo della vite vale:

$$\begin{aligned}M_{th10} &= F_i \cdot (0,16 \cdot p + 0,58 \cdot \mu_{th10} \cdot d_2) = \\ &= 68.919 \cdot (0,16 \cdot 2 + 0,58 \cdot 0,25 \cdot 14,701) = 168,965\text{Nm}\end{aligned} \tag{2.81}$$

Ripetendo il calcolo della tensione equivalente secondo von Mises, si avrebbe ora:

$$\begin{aligned}\sigma_{eq10} &= \sqrt{\left(\frac{4 \cdot F_i}{\pi \cdot d_t^2}\right)^2 + 3 \cdot \left(\frac{16 \cdot M_{th}}{\pi \cdot d_t^3}\right)^2} \\ &= \sqrt{\left(\frac{F_i}{A_t}\right)^2 + 48 \cdot \left[\left(\frac{F_i}{A_t}\right) \cdot \frac{(0,16 \cdot p + 0,58 \cdot \mu_{th10} \cdot d_2)}{d_t}\right]^2} \\ &= \frac{68.919}{157} \cdot \sqrt{1 + 48 \cdot \left(\frac{0,16 \cdot 2 + 0,58 \cdot 0,25 \cdot 14,701}{14,1236}\right)^2} = 687\text{MPa}\end{aligned} \tag{2.82}$$

Essendo quindi $\boldsymbol{\sigma_{eq10} = 687 > S_p = 580}$ (Fig. 2.24), la vite non risulta più verificata con il coefficiente di sicurezza $\boldsymbol{CS = 3}$ richiesto. Questo esempio mostra l'importanza di un accurato controllo dello stato delle superfici in collegamenti bullonati dopo un certo numero di operazioni di serraggio e svitamento, e più in generale l'importanza della conoscenza accurata dei coefficienti d'attrito fra le superfici coinvolte nel collegamento. Infatti più è elevato il coefficiente di attrito più elevato è il contributo di torsione sulla vite a parità di forza di serraggio richiesta; in casi simili lo ***Stress Ratio*** deve essere aumentato da $\mathbf{1,3}$ a $\mathbf{1,5 \div 2}$.

Capitolo 3

Collegamenti saldati

3.1 Esercizio 1

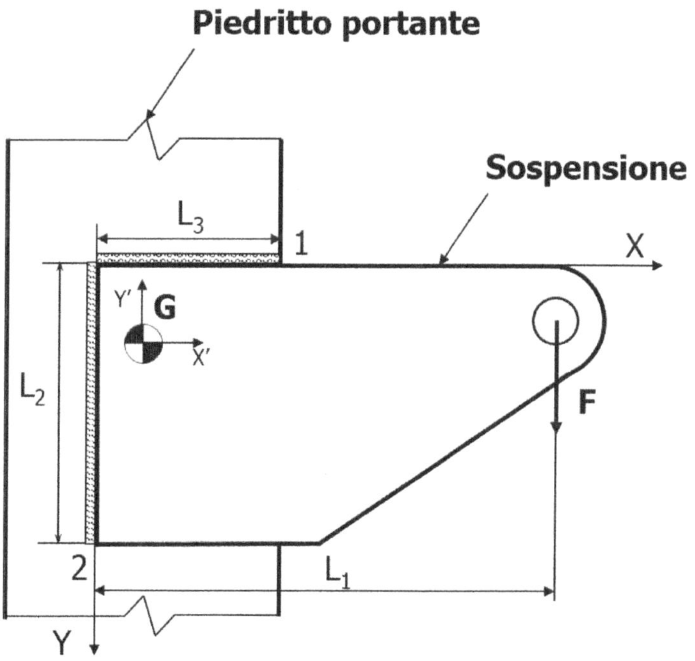

Figura 3.1: Schema di carico e geometria dei cordoni di saldatura

La sospensione di lunghezza $\boldsymbol{L_1 = 300mm}$, schematizzata in Fig. 3.1, è caricata da una forza esterna $\boldsymbol{F = 10kN}$ e sostenuta da due cordoni di saldatura di uguale spessore $\boldsymbol{h}$ e di lunghezza $\boldsymbol{L_2 = 180mm}$ ed $\boldsymbol{L_3 = 100mm}$, realizzati d'angolo tra la sospensione ed il piedritto portante. Determinare lo spessore minimo $\boldsymbol{h}$ della saldatura, supponendo di scegliere un coefficiente di sicurezza minimo $\boldsymbol{CS = 1{,}5}$ rispetto al limite di snervamento del materiale d'apporto, che vale $\boldsymbol{S_y = 320MPa}$.

Soluzione

La forza esterna $\boldsymbol{F}$ produce sui cordoni di saldatura un taglio, diretto lungo $\boldsymbol{Y}$, pari a $\boldsymbol{F}$ ed un momento torcente dato dal prodotto della forza $\boldsymbol{F}$ per il braccio rispetto al baricentro delle sezioni dei cordoni. Inizialmente si calcolano le coordinate del baricentro delle sezioni dei cordoni rispetto agli assi cartesiani $\boldsymbol{X}$ e $\boldsymbol{Y}$ di Fig. 3.1. Indicando con $\boldsymbol{t}$ lo spessore di gola dei cordoni di saldatura, si considerano trascurabili, a vantaggio di sicurezza, i contributi che prevedano potenze superiori al grado *1* per lo spessore incognito $\boldsymbol{t}$.

$$\begin{cases} X_G = \frac{L_3 \cdot \frac{L_3}{2} \cdot \cancel{t} - \cancel{L_2 \cdot \frac{t}{2} \cdot t}}{(L_3+L_2)\cdot \cancel{t}} = \frac{100^2}{2\cdot(100+180)} = 17,9\text{mm} \\ Y_G = \frac{L_2 \cdot \frac{L_2}{2} \cdot \cancel{t} - \cancel{L_3 \cdot \frac{t}{2} \cdot t}}{(L_3+L_2)\cdot \cancel{t}} = \frac{180^2}{2\cdot(100+180)} = 57,9\text{mm} \end{cases} \quad (3.1)$$

Pertanto:

$$M_t = F \cdot (L_1 - X_G) = 10.000 \cdot (300 - 17,9) = 2.821\text{Nm} \quad (3.2)$$

Per il dimensionamento dei cordoni occorre determinare quale sia il punto più sollecitato, ipotizzando che la forza di taglio $\boldsymbol{F}$ si ripartisca uniformemente sull'area complessiva del cordone. Con tale ipotesi l'analisi si restringe ai punti 1 e 2 di Fig. 3.1, che sono i più lontani dal baricentro $\boldsymbol{G}$ dei cordoni e dunque i più sollecitati dal momento torcente $\boldsymbol{M_t}$. Si procede, quindi, con il calcolo delle tensioni $\boldsymbol{\tau}$ generate da $\boldsymbol{F}$ e da $\boldsymbol{M_t}$ mediante le seguenti formule:

$$\tau_F = \frac{F}{A} \quad (3.3)$$

$$\tau_{Mt} = \frac{M_t \cdot r_{max}}{I_p} \quad (3.4)$$

Occorre quindi calcolare l'area totale $\boldsymbol{A}$ dei cordoni di saldatura ed il loro momento d'inerzia polare rispetto al baricentro $\boldsymbol{G}$. Per semplificare i calcoli e procedere alla definizione esplicita dello spessore del cordone, nel calcolo del momento di inerzia si trascurano, a vantaggio di sicurezza, i contributi che prevedano potenze superiori al grado ***1*** per lo spessore incognito ***t***.

$$A = (L_3 + L_2) \cdot t = (100 + 180) \cdot t = 280 \cdot t \quad \text{mm}^2 \tag{3.5}$$

$$I_p = I_{X'-X'} + I_{Y'-Y'} \tag{3.6}$$

$$\begin{aligned} I_{X'-X'} &= \frac{1}{12} \cdot L_2^3 \cdot t + L_2 \cdot t \cdot \left(\frac{L_2}{2} - Y_G\right)^2 + \cancel{\frac{1}{12} \cdot t^3} \cdot L_3 + L_3 \cdot t \cdot \left(Y_G + \cancel{\frac{t}{2}}\right)^2 \\ &= \frac{1}{12} \cdot 180^3 \cdot t + 180 \cdot t \cdot \left(\frac{180}{2} - 57,9\right)^2 + 100 \cdot t \cdot 57,9^2 \\ &= 1.006.714,8 \cdot t \quad \text{mm}^4 \end{aligned} \tag{3.7}$$

$$\begin{aligned} I_{Y'-Y'} &= \frac{1}{12} \cdot L_3^3 \cdot t + L_3 \cdot t \cdot \left(\frac{L_3}{2} - X_G\right)^2 + \cancel{\frac{1}{12} \cdot t^3} \cdot L_2 + L_2 \cdot t \cdot \left(X_G + \cancel{\frac{t}{2}}\right)^2 \\ &= \frac{1}{12} \cdot 100^3 \cdot t + 100 \cdot t \cdot \left(\frac{100}{2} - 17,9\right)^2 + 180 \cdot t \cdot 17,9^2 \\ &= 244.047,1 \cdot t \quad \text{mm}^4 \end{aligned} \tag{3.8}$$

Dalla 3.6 si ha:

$$I_p = 1.006.714,8 + 244.047,1 = 1.250.763 \cdot t \quad \text{mm}^4 \tag{3.9}$$

$\boldsymbol{\tau_F}$ risulta quindi pari a:

$$\tau_F = \frac{10.000}{280 \cdot t} = \frac{36}{t} \text{MPa} \tag{3.10}$$

Il calcolo delle tensioni dovute al momento torcente viene, invece, eseguito in entrambi i punti **1** e **2** di Fig. 3.1. Nel punto **1** la $\boldsymbol{\tau}$ risultante ortogonale alla congiungente di ***G*** con **1**, possiede le componenti lungo ***X*** e lungo ***Y*** entrambe positive rispetto al sistema cartesiano ***X-Y***, con moduli approssimati per eccesso e calcolati come segue:

$$\begin{aligned} \tau_{1\_M_t\_X} &= \frac{2.821.000}{1.250.763 \cdot t} \cdot Y_G = \\ &= \frac{2.821.000}{1.250.763 \cdot t} \cdot 57,9 = \frac{131}{t} \text{MPa} \end{aligned} \tag{3.11}$$

$$\begin{aligned} \tau_{1\_M_t\_Y} &= \frac{2.821.000}{1.250.763 \cdot t} \cdot (L_3 - X_G) = \\ &= \frac{2.821.000}{1.250.763 \cdot t} \cdot (100 - 17,9) = \frac{186}{t} \text{MPa} \end{aligned} \tag{3.12}$$

Nel punto **2** la $\boldsymbol{\tau}$ risultante ortogonale alla congiungente di $\boldsymbol{G}$ con **2**, possiede le componenti lungo $\boldsymbol{X}$ e lungo $\boldsymbol{Y}$ entrambe negative rispetto al sistema cartesiano $\boldsymbol{X}$-$\boldsymbol{Y}$, con moduli approssimati per eccesso e pari a:

$$\begin{aligned}\tau_{2\_M_t\_X} &= -\frac{2.821.000}{1.250.763 \cdot t} \cdot (L_2 - Y_G) = \\ &= -\frac{2.821.000}{1.250.763 \cdot t} \cdot (180 - 57,9) = -\frac{276}{t} \text{MPa}\end{aligned} \tag{3.13}$$

$$\begin{aligned}\tau_{2\_M_t\_Y} &= -\frac{2.821.000}{1.250.763 \cdot t} \cdot X_G = \\ &= -\frac{2.821.000}{1.250.763 \cdot t} \cdot 17,9 = -\frac{41}{t} \text{MPa}\end{aligned} \tag{3.14}$$

Considerando poi che, in entrambi i punti della saldatura, le $\boldsymbol{\tau_F}$ sono positive rispetto a $\boldsymbol{Y}$, i tensori risultanti in **1** e **2** sono pari a:

$$T_{1\_ris} = \sqrt{(\tau_F + \tau_{1\_M_t\_Y})^2 + (\tau_{1\_M_t\_X})^2} = \frac{258}{t} \quad \text{MPa} \tag{3.15}$$

$$T_{2\_ris} = \sqrt{(\tau_F - \tau_{2\_M_t\_Y})^2 + (-\tau_{2\_M_t\_X})^2} = \frac{276}{t} \quad \text{MPa} \tag{3.16}$$

Il valore massimo si ha, dunque, nel punto **2** ed il tensore risultante così calcolato va confrontato con il valore della tensione ammissibile al fine di determinare lo spessore utile della saldatura pari allo spessore di gola del cordone $\boldsymbol{t}$ e, di conseguenza, l'altezza del cordone $\boldsymbol{h}$. A favore di sicurezza si utilizza un coefficiente riduttivo di **0,58** che equivale, in sostanza, a considerare una tensione ammissibile pari a quella per sollecitazione di pura torsione. Uguagliando il tensore risultante $\boldsymbol{T_2}$ con la tensione ammissibile secondo l'Eq. 3.17 è possibile ricavare lo spessore $\boldsymbol{t}$ mediante l'Eq. 3.18.

$$T_{amm} = \frac{S_y \cdot 0.58}{CS} = T_2 = \frac{276}{t} \tag{3.17}$$

$$t = \frac{276 \cdot CS}{S_y \cdot 0,58} = \frac{276 \cdot 1,5}{320 \cdot 0,58} = 2,2\text{mm} \tag{3.18}$$

Da cui si ricava immediatamente lo spessore minimo del cordone $\boldsymbol{h}$:

$$h = t \cdot \sqrt{2} = 3,15\text{mm} \tag{3.19}$$

Si sceglierà, dunque, un cordone di saldatura pari a $\boldsymbol{h=3,5mm}$.

3.2 Esercizio 2

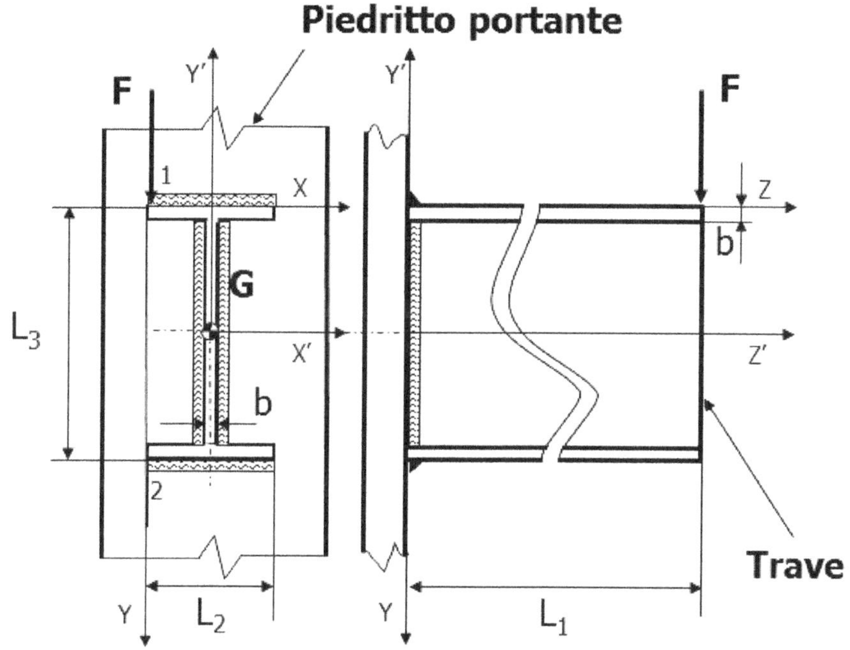

Figura 3.2: Schema di carico e geometria dei cordoni di saldatura

La trave schematizzata in Fig. 3.2 è caricata da una forza esterna $\boldsymbol{F = 10kN}$ e sostenuta da quattro cordoni di saldatura di uguale spessore $\boldsymbol{h}$ (a due a due uguali e simmetrici) realizzati d'angolo tra la trave ed il piedritto portante. Determinare lo spessore minimo $\boldsymbol{h}$ della saldatura, supponendo di scegliere un coefficiente di sicurezza minimo $\boldsymbol{CS = 2{,}5}$ rispetto al limite di snervamento del materiale d'apporto $\boldsymbol{S_y = 300MPa}$. Si consideri l'asse neutro della saldatura per la flessione coincidente con l'asse baricentrico della sezione dei cordoni ed una densità dell'acciaio $\boldsymbol{\rho = 7.850\frac{kg}{m^3}}$. Si considerino le seguenti dimensioni: $\boldsymbol{L_1 = 1.500mm}$, $\boldsymbol{L_2 = 150mm}$, $\boldsymbol{L_3 = 400mm}$, $\boldsymbol{b = 8mm}$.

Soluzione

La forza esterna $\boldsymbol{F}$ produce sui cordoni di saldatura un taglio, diretto lungo $\boldsymbol{Y}$, pari a $\boldsymbol{F}$, un momento torcente dato dal prodotto di $\boldsymbol{F}$ per il braccio rispetto al baricentro delle sezioni dei cordoni ed un momento flettente dato dal prodotto della forza $\boldsymbol{F}$ per il braccio $\boldsymbol{L_1}$. Alla forza esterna $\boldsymbol{F}$ va aggiunto il peso proprio della trave $\boldsymbol{P}$, che produce sui cordoni di saldatura un taglio, diretto lungo $\boldsymbol{Y}$, pari a $\boldsymbol{P}$ ed un momento flettente dato dal prodotto della forza peso $\boldsymbol{P}$ per il braccio (la massa $\boldsymbol{\rho \cdot V}$ si considera uniformemente distribuita lungo la luce $\boldsymbol{L_1}$). Le sollecitazioni interne ($\boldsymbol{\sigma}$ e $\boldsymbol{\tau}$ prodotte dalle componenti di carico esterne) dovranno essere composte vettorialmente in modo da ottenere un tensore risultante $\boldsymbol{T}$, che verrà poi confrontato con la tensione ammissibile per ottenere lo spessore minimo $\boldsymbol{h}$ del cordone. Innanzitutto si calcola la forza peso $\boldsymbol{P}$ della trave:

$$\begin{aligned} P &= m \cdot g = \rho \cdot V \cdot g = \\ &= \rho \cdot [2 \cdot L_2 \cdot b + (L_3 - 2 \cdot b) \cdot b] \cdot L_1 \cdot g = \\ &= 7.850 \cdot [2 \cdot 0,15 \cdot 0,008 + (0,4 - 2 \cdot 0,008) \cdot 0,008] \cdot 1,5 \cdot 9,81 = 632\text{N} \end{aligned} \tag{3.20}$$

I momenti flettenti generati dalle forze $\boldsymbol{F}$ e $\boldsymbol{P}$ risultano:

$$M_{f\_F} = F \cdot L_1 = 10.000 \cdot 1.500 = 15.000\text{Nm} \tag{3.21}$$

$$M_{f\_P} = P \cdot \frac{L_1}{2} = 632 \cdot 750 = 474.000\text{Nm} \tag{3.22}$$

Il momento torcente generato dalla forza $\boldsymbol{F}$ dipende dalla posizione del baricentro $\boldsymbol{G}$ dei cordoni di saldatura. Data la simmetria della sezione dei cordoni rispetto alla sezione della trave, anch'essa simmetrica, la posizione del baricentro $\boldsymbol{G}$ dei cordoni risulta immediatamente determinata e di coordinate $\boldsymbol{X_G = \frac{L_2}{2} = \frac{150}{2} = 75mm}$, $\boldsymbol{Y_G = \frac{L_3}{2} = \frac{400}{2} = 200mm}$ rispetto al sistema di riferimento cartesiano di assi $\boldsymbol{X}$ e $\boldsymbol{Y}$ riportato in Fig. 3.2. Il momento torcente vale quindi:

$$M_t = F \cdot \frac{L_2}{2} = 10.000 \cdot 75 = 750\text{Nm} \tag{3.23}$$

Per il dimensionamento dei cordoni occorre determinare quale sia il punto più sollecitato ipotizzando che le forze di taglio $\boldsymbol{F}$ e $\boldsymbol{P}$ si ripartiscano uniformemente sull'area complessiva. Con tale ipotesi e considerando che l'asse neutro della sezione dei cordoni di saldatura per la flessione sia coincidente con il suo asse baricentrico, l'analisi si restringe ai punti **1** e **2** di Fig. 3.2 che sono i più distanti dal baricentro $\boldsymbol{G}$ dei cordoni e nei quali la componente $\boldsymbol{Y}$ della tensione dovuta al momento torcente risulta concorde in verso alla forza di taglio. Si procede, quindi, con il calcolo delle componenti delle tensioni generate da $\boldsymbol{F}$, da $\boldsymbol{P}$, dai momenti flettenti e dal momento torcente sia nel punto ***1*** che nel punto ***2***.

$$\tau_{Y\_T} = \frac{F_{tot}}{A} = \frac{F+P}{A} \tag{3.24}$$

$$\tau_{Y\_Mt} = \frac{M_t}{I_p} \cdot \frac{L_2}{2} \tag{3.25}$$

$$\tau_{X\_Mt} = \frac{M_t}{I_p} \cdot \frac{L_3}{2} \tag{3.26}$$

$$\sigma_{Z\_Mf} = \frac{M_{f\_TOT}}{I_{X'-X'}} \cdot \frac{L_3}{2} = \frac{(M_{f\_F} + M_{f\_P})}{I_{X'-X'}} \cdot \frac{L_3}{2} \tag{3.27}$$

Occorre, a questo punto, calcolare l'area della saldatura $\boldsymbol{A}$ ed i suoi momenti d'inerzia $\boldsymbol{I_{X'-X'}}$, $\boldsymbol{I_{Y'-Y'}}$ ed $\boldsymbol{I_p}$ rispetto agli assi baricentrici $\boldsymbol{X'}$ ed $\boldsymbol{Y'}$. Per semplificare i calcoli e procedere alla definizione esplicita dello spessore del cordone, nel calcolo del momento di inerzia si trascurano, a vantaggio di sicurezza, i contributi che prevedano potenze superiori al grado ***1*** per lo spessore incognito $\boldsymbol{t}$.

$$\begin{aligned} A &= 2 \cdot L_2 \cdot t + 2 \cdot (L_3 - 2 \cdot b) \cdot t \\ &= 2 \cdot 150 \cdot t + 2 \cdot (400 - 2 \cdot 8) \cdot t = 1.068 \cdot t \quad \text{mm}^2 \end{aligned} \tag{3.28}$$

$$\begin{aligned} I_{X'-X'} &= I_{X'-X'\_anima} + I_{X'-X'\_ali} \\ &= 2 \cdot t \cdot \frac{(L_3 - 2 \cdot b)^3}{12} + \cancel{2 \cdot L_2 \cdot \frac{t^3}{12}} + 2 \cdot L_2 \cdot t \cdot \left(\frac{L_3}{2} + \cancel{\frac{t}{2}}\right)^2 \\ &= 2 \cdot t \cdot \frac{(400 - 2 \cdot 8)^3}{12} + 2 \cdot 150 \cdot t \cdot \frac{400^2}{2} = 21.437.184 \cdot t \quad \text{mm}^4 \end{aligned} \tag{3.29}$$

$$\begin{aligned} I_{Y'-Y'} &= I_{Y'-Y'\_anima} + I_{Y'-Y'\_ali} = \\ &= \cancel{2 \cdot (L_3 - 2 \cdot b) \cdot \frac{t^3}{12}} + 2 \cdot (L_3 - 2 \cdot b) \cdot t \cdot \left(\frac{b}{2} + \cancel{\frac{t}{2}}\right)^2 + 2 \cdot t \cdot \frac{L_2^3}{12} \\ &= 2 \cdot (400 - 2 \cdot 8) \cdot t \cdot \left(\frac{8}{2}\right)^2 + 2 \cdot t \cdot \frac{150^3}{12} = 574.788 \cdot t \quad \text{mm}^4 \end{aligned} \tag{3.30}$$

$$I_p = I_{X'-X'} + I_{Y'-Y'} = 21.437.184 \cdot t + 574.788 \cdot t = 22.011.972 \cdot t \quad \text{mm}^4 \tag{3.31}$$

Ne consegue che le tensioni sono le seguenti:

$$\tau_{Y\_T} = \frac{F+P}{A} = \frac{10.000 + 632}{1.068 \cdot t} = \frac{10}{t}\text{MPa} \tag{3.32}$$

$$\tau_{Y\_Mt} = \frac{M_t}{I_p} \cdot \frac{L_2}{2} = \frac{750.000}{22.011.972 \cdot t} \cdot 75 = \frac{3}{t}\text{MPa} \tag{3.33}$$

$$\tau_{X\_Mt} = \frac{M_t}{I_p} \cdot \frac{L_3}{2} = \frac{750.000}{22.011.972 \cdot t} \cdot 200 = \frac{7}{t}\text{MPa} \tag{3.34}$$

$$\sigma_{Z\_Mf} = \frac{M_{f\_TOT}}{I_{X'-X'}} \cdot \frac{L_3}{2} = \frac{15.474.000}{21.437.184 \cdot t} \cdot 200 = \frac{144}{t}\text{MPa} \tag{3.35}$$

Dunque, il tensore risultante $\boldsymbol{T_{ris}}$ vale:

$$\begin{aligned} T_{ris} &= \sqrt{(\tau_{Y\_T} + \tau_{Y\_M_t})^2 + \tau^2_{X\_M_t} + \sigma^2_{Z\_Mf}} = \\ &= \sqrt{\left(\frac{10}{t} + \frac{3}{t}\right)^2 + \left(\frac{7}{t}\right)^2 + \left(\frac{144}{t}\right)^2} = \\ &= \frac{145}{t}\text{MPa} \end{aligned} \tag{3.36}$$

Il tensore risultante così calcolato va confrontato con il valore della tensione ammissibile al fine di determinare lo spessore utile della saldatura pari allo spessore di gola del cordone $\boldsymbol{t}$ e, di conseguenza, l'altezza del cordone $\boldsymbol{h}$. A favore di sicurezza si utilizza un coefficiente riduttivo di **0,58** che equivale, in sostanza, a considerare una tensione ammissibile pari a quella per sollecitazione di pura torsione. Uguagliando il tensore risultante $\boldsymbol{T}$ con la tensione ammissibile secondo l'Eq. 3.37, si può ricavare lo spessore $\boldsymbol{t}$ mediante l'Eq. 3.38.

$$T_{amm} = \frac{S_y \cdot 0.58}{CS} = T_{ris} = \frac{145}{t} \tag{3.37}$$

$$t = \frac{145 \cdot CS}{S_y \cdot 0,58} = \frac{145 \cdot 2,5}{300 \cdot 0,58} = 2,1\text{mm} \tag{3.38}$$

Da cui si ricava immediatamente lo spessore minimo del cordone $\boldsymbol{h}$:

$$h = t \cdot \sqrt{2} = 3\text{mm} \tag{3.39}$$

3.3 Esercizio 3

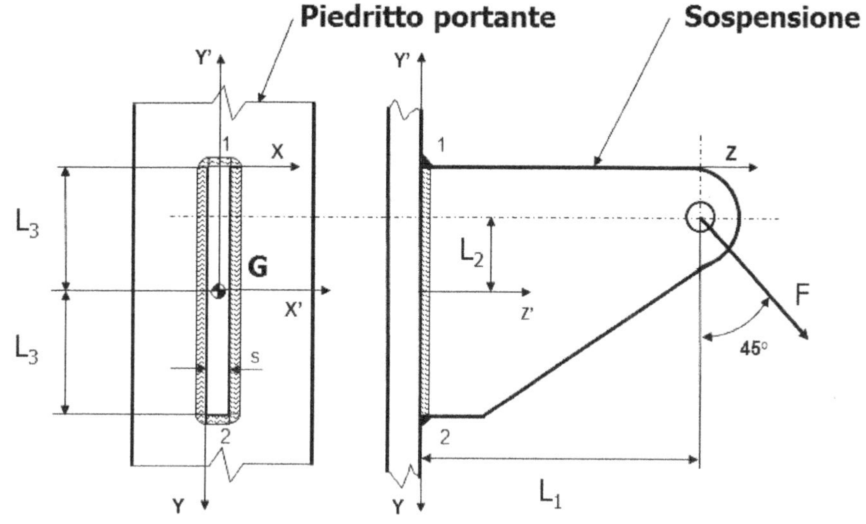

Figura 3.3: Schema di carico e geometria dei cordoni di saldatura

La sospensione di spessore $\boldsymbol{s = 5mm}$ schematizzata in Fig. 3.3 è caricata da una forza esterna $\boldsymbol{F = 20kN}$ inclinata di $\boldsymbol{45°}$ rispetto alla verticale e sostenuta da quattro cordoni di saldatura di uguale spessore $\boldsymbol{h}$ (a due a due uguali e simmetrici) realizzati d'angolo tra l'intero perimetro della sospensione ed il piedritto portante. Determinare lo spessore minimo della saldatura supponendo di scegliere un coefficiente di sicurezza minimo $\boldsymbol{CS = 3}$ rispetto al limite di snervamento del materiale d'apporto $\boldsymbol{S_y = 380MPa}$. Si consideri l'asse neutro di flessione della saldatura coincidente con l'asse baricentrico della sezione dei cordoni. Si assumano le seguenti dimensioni: $\boldsymbol{L_1 = 300mm}$, $\boldsymbol{L_2 = 50mm}$ e $\boldsymbol{L_3 = 150mm}$.

Soluzione

La forza esterna $\boldsymbol{F}$ può essere scomposta nelle due componenti $\boldsymbol{F_Y}$ e $\boldsymbol{F_Z}$ dirette, rispettivamente, lungo l'asse $\boldsymbol{Y}$ e lungo l'asse $\boldsymbol{Z}$. Tali componenti producono sui cordoni: (i) uno sforzo di taglio generato da $\boldsymbol{F_Y}$, (ii) uno sforzo normale prodotto da $\boldsymbol{F_Z}$ e (iii) due momenti flettenti generati da $\boldsymbol{F_Y}$ e $\boldsymbol{F_Z}$ moltiplicati per i bracci delle rispettive rette di azione rispetto al baricentro delle sezioni dei cordoni di collegamento. Le sollecitazioni interne ($\boldsymbol{\sigma}$ e $\boldsymbol{\tau}$ prodotte dalle componenti di carico esterne) dovranno essere composte vettorialmente in modo da ottenere un tensore risultante $\boldsymbol{T_{ris}}$ da confrontare con la tensione ammissibile. Per semplicità di calcolo vengono considerate da subito le componenti di $\boldsymbol{F}$ lungo $\boldsymbol{Z}$ e lungo $\boldsymbol{Y}$ e le relative componenti del momento flettente. Innanzitutto si determina la posizione del baricentro $\boldsymbol{G}$ del cordone di saldatura e si calcolano le componenti di $\boldsymbol{F}$ che valgono:

$$\begin{cases} F_Z = F \cdot \cos 45° = 14.142\text{N} \\ F_Y = F \cdot \sin 45° = 14.142\text{N} \end{cases} \tag{3.40}$$

Data la simmetria della sezione dei cordoni rispetto alla sezione della trave, anch'essa simmetrica, la posizione del baricentro dei cordoni risulta immediatamente determinata e di coordinate $\boldsymbol{X_G = \frac{s}{2} = \frac{5}{2} = 2{,}5mm}$, $\boldsymbol{Y_G = L_3 = 150mm}$ rispetto al sistema di assi cartesiani $\boldsymbol{X}$ e $\boldsymbol{Y}$ riportato in Fig. 3.3. I bracci delle componenti che generano i momenti flettenti corrispondono alle distanze del punto di applicazione della forza $\boldsymbol{F}$ dagli assi $\boldsymbol{X'}$ e $\boldsymbol{Y'}$ del baricentro della sezione dei cordoni di saldatura (coincidenti con l'asse neutro) e valgono perciò $\boldsymbol{b_{Y'} = L_1 = 300mm}$ e $\boldsymbol{b_{Z'} = L_2 = 50mm}$. Il momento flettente totale vale quindi:

$$M_{f\_TOT} = F_Y \cdot b_{Y'} + F_Z \cdot b_{Z'} = 14.142 \cdot 300 + 14.142 \cdot 50 = 4.949,7\text{Nm} \tag{3.41}$$

Per il dimensionamento dei cordoni occorre determinare quale sia il punto più sollecitato, ipotizzando che le componenti di forza $\boldsymbol{F_Y}$ e $\boldsymbol{F_Z}$ si ripartiscano uniformemente sull'area complessiva. Con tale ipotesi e considerando che l'asse neutro della sezione dei cordoni di saldatura sia coincidente con l'asse baricentrico, l'analisi si restringe ai punti **1** e **2** di Fig. 3.3 che risultano essere i più distanti dal baricentro $\boldsymbol{G}$ dei cordoni. In particolare, verrà considerato il punto **1**, dove le tensioni $\boldsymbol{\sigma}$ dovute allo sforzo normale ed al momento flettente si sommano tra loro. Si procede, quindi, con il calcolo delle tensioni $\boldsymbol{\sigma}$ e $\boldsymbol{\tau}$ generate da $\boldsymbol{F_Y}$, $\boldsymbol{F_Z}$ e dal momento flettente totale $\boldsymbol{M_{f\_TOT}}$ mediante le seguenti formule:

$$\tau = \frac{F_Y}{A} \tag{3.42}$$

$$\sigma = \frac{F_Z}{A} + \frac{M_{f\_TOT}}{I_{X'-X'}} \cdot L_3 \tag{3.43}$$

Occorre adesso calcolare l'area della saldatura $\boldsymbol{A}$ e il suo momento d'inerzia $\boldsymbol{I_{X'-X'}}$, rispetto all'asse baricentrico $\boldsymbol{X'}$. Per semplificare i calcoli e procedere alla definizione esplicita dello spessore del cordone, nel calcolo del momento di inerzia si trascurano, a vantaggio di sicurezza, i contributi che prevedano potenze superiori al grado ***1*** per lo spessore incognito $\boldsymbol{t}$. Sempre a vantaggio di sicurezza si trascurano anche i quattro spigoli del contorno del cordone di saldatura.

$$\begin{aligned} A &= 2 \cdot 2 \cdot L_3 \cdot t + 2 \cdot s \cdot t \\ &= 2 \cdot 2 \cdot 150 \cdot t + 2 \cdot 5 \cdot t = 610 \cdot t \quad \text{mm}^2 \end{aligned} \tag{3.44}$$

$$\begin{aligned} I_{X'-X'} &= 2 \cdot t \cdot \frac{(2 \cdot L_3)^3}{12} + \cancel{2 \cdot s \cdot t^3} + 2 \cdot s \cdot t \cdot \left(L_3 + \cancel{\frac{t}{2}}\right)^2 \\ &= 2 \cdot t \cdot \frac{(2 \cdot 150)^3}{12} + 2 \cdot 5 \cdot t \cdot 150^2 = 4.725.000 \cdot t \quad \text{mm}^4 \end{aligned} \tag{3.45}$$

Ne consegue che:

$$\tau = \frac{14.142}{610 \cdot t} = \frac{23}{t} \text{MPa} \tag{3.46}$$

$$\sigma = \frac{14.142}{610 \cdot t} + \frac{4.949.700}{4.725.000 \cdot t} \cdot 150 = \frac{23}{t} + \frac{157}{t} = \frac{180}{t} \text{MPa} \tag{3.47}$$

$$T_{ris} = \sqrt{\tau^2 + \sigma^2} = \sqrt{\left(\frac{23}{t}\right)^2 + \left(\frac{180}{t}\right)^2} = \frac{182}{t} \text{MPa} \tag{3.48}$$

Il tensore risultante così calcolato va confrontato con il valore della tensione ammissibile al fine di determinare lo spessore utile della saldatura pari allo spessore di gola del cordone $\boldsymbol{t}$ e, di conseguenza, l'altezza del cordone $\boldsymbol{h}$. A favore di sicurezza si utilizza un coefficiente riduttivo di **0,58** che equivale, in sostanza, a considerare una tensione ammissibile pari a quella per sollecitazione di pura torsione. Uguagliando il tensore risultante $\boldsymbol{T_{ris}}$ con la tensione ammissibile secondo l'Eq. 3.49, è possibile ricavare lo spessore $\boldsymbol{t}$ mediante l'Eq. 3.50.

$$T_{amm} = \frac{S_y \cdot 0.58}{CS} = T_{ris} = \frac{182}{t} \tag{3.49}$$

$$t = \frac{182 \cdot CS}{S_y \cdot 0,58} = \frac{182 \cdot 3}{380 \cdot 0,58} = 2,48 \text{mm} \tag{3.50}$$

Da cui si ricava immediatamente lo spessore minimo del cordone $\boldsymbol{h}$:

$$h = t \cdot \sqrt{2} = 3,5\text{mm} \tag{3.51}$$

Si sceglierà, dunque, un cordone di saldatura pari a ***h=3,5mm***.

3.4 Esercizio 4

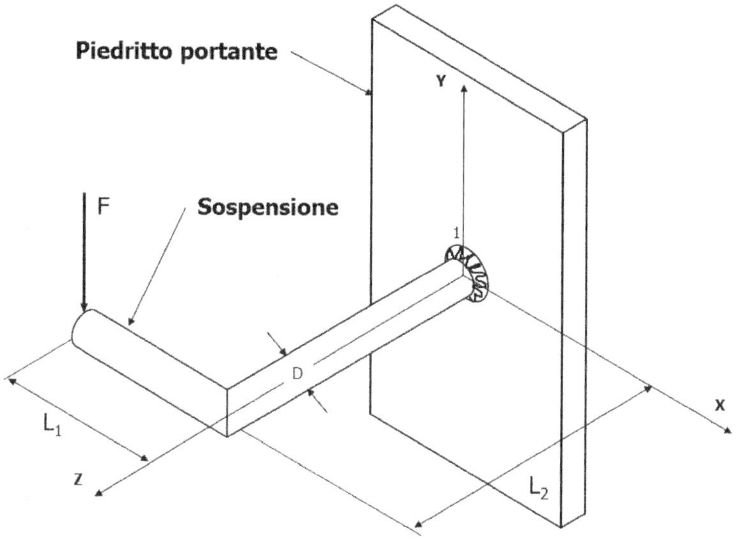

Figura 3.4: Schema di carico e geometria dei cordoni di saldatura

La sospensione tubolare, di lati $\boldsymbol{L_1 = 300mm}$ ed $\boldsymbol{L_2 = 500mm}$, schematizzata in Fig. 3.4, è caricata da una forza esterna $\boldsymbol{F = 750N}$. La sospensione è saldata al piedritto portante mediante un cordone d'angolo, di forma circolare avente diametro interno $\boldsymbol{D = 60mm}$ e spessore $\boldsymbol{h}$. Determinare lo spessore minimo $\boldsymbol{h}$ della saldatura, supponendo di scegliere un coefficiente di sicurezza minimo $\boldsymbol{CS = 2}$ rispetto al limite di snervamento del materiale d'apporto, che vale $\boldsymbol{S_y = 355MPa}$.

Soluzione

La forza esterna $\boldsymbol{F}$ produce sul cordone di saldatura un taglio, diretto lungo $\boldsymbol{Y}$, pari a $\boldsymbol{F}$, un momento torcente dato dal prodotto di $\boldsymbol{F}$ per il braccio rispetto al baricentro della sezione del cordone $\boldsymbol{L_1}$ ed un momento flettente dato dal prodotto della forza $\boldsymbol{F}$ per il braccio rispetto al baricentro della sezione del cordone $\boldsymbol{L_2}$. Le sollecitazioni interne alla saldatura, $\boldsymbol{\sigma}$ e $\boldsymbol{\tau}$ prodotte dalle componenti di carico esterne, dovranno essere composte vettorialmente in modo da ottenere un tensore risultante

$\boldsymbol{T_{ris}}$, che verrà poi confrontato con la tensione ammissibile per ottenere lo spessore minimo $\boldsymbol{h}$ del cordone. Si osserva che il baricentro del cordone di saldatura coincide con l'origine del sistema di riferimento cartesiano. Il momento flettente generato dalla forza $\boldsymbol{F}$ vale:

$$M_f = F \cdot L_2 = 750 \cdot 500 = 375\text{Nm} \tag{3.52}$$

Il momento torcente vale invece:

$$M_t = F \cdot L_1 = 750 \cdot 300 = 225\text{Nm} \tag{3.53}$$

Per il calcolo delle tensioni di taglio sul cordone si considera, per semplicità di calcolo, il valore del taglio medio calcolato come segue.

$$\tau = \frac{F_Y}{A} \tag{3.54}$$

Il calcolo delle tensioni $\boldsymbol{\sigma}$ e $\boldsymbol{\tau}$ generate dal momento flettente $\boldsymbol{M_f}$ e dal momento torcente $\boldsymbol{M_t}$ si esegue mediante, rispettivamente, l'Eq 3.55 e l'Eq. 3.56.

$$\sigma = \frac{M_f}{I_{X'-X'}} \cdot \frac{D}{2} \tag{3.55}$$

$$\tau_{Mt} = \frac{M_t}{I_p} \cdot \frac{D}{2} \tag{3.56}$$

Occorre adesso calcolare l'area della saldatura $\boldsymbol{A}$, il suo momento d'inerzia $\boldsymbol{I_{X'-X'}}$, rispetto all'asse baricentrico $\boldsymbol{X'}$, ed infine il momento d'inerzia polare $\boldsymbol{I_p}$. Per semplificare i calcoli e procedere alla definizione esplicita dello spessore del cordone, nel calcolo della sezione e del momento di inerzia si trascurano, a vantaggio di sicurezza, i contributi che prevedano potenze superiori al grado *1* per lo spessore incognito $\boldsymbol{t}$.

$$\begin{aligned} A &= \frac{\pi}{4} \cdot \left[(D + 2 \cdot t)^2 - D^2\right] \\ &= \frac{\pi}{4} \cdot \left(\cancel{D^2} + \cancel{4 \cdot t^2} + 4 \cdot D \cdot t - \cancel{D^2}\right) = \\ &= \pi \cdot D \cdot t = 188,5 \cdot t \quad \text{mm}^2 \end{aligned} \tag{3.57}$$

$$\begin{aligned} I_{X'-X'} &= \frac{\pi}{64} \cdot \left[(D + 2 \cdot t)^4 - D^4 \right] = \\ &= \frac{\pi}{64} \cdot \left[\left(D^2 + \cancel{4 \cdot t^2} + 4 \cdot D \cdot t \right)^2 - D^4 \right] = \\ &= \frac{\pi}{64} \cdot \left(\cancel{D^4} + \cancel{16 \cdot D^2 \cdot t^2} + 8 \cdot D^3 \cdot t - \cancel{D^4} \right) = \\ &= \frac{\pi}{8} \cdot D^3 \cdot t = 84.823 \cdot t \quad \mathrm{mm}^4 \end{aligned} \tag{3.58}$$

Per simmetria, si ha infine:

$$I_p = 2 \cdot I_{X'-X'} = \frac{\pi}{4} \cdot D^3 \cdot t = 169.646 \cdot t \quad \mathrm{mm}^4 \tag{3.59}$$

Ne consegue che:

$$\tau_T = \frac{750}{188,5 \cdot t} = \frac{4}{t} \mathrm{MPa} \tag{3.60}$$

$$\tau_{Mt} = \frac{225.000}{169.646 \cdot t} \cdot \frac{60}{2} = \frac{40}{t} \mathrm{MPa} \tag{3.61}$$

$$\sigma = \frac{375.000}{84.823 \cdot t} \cdot \frac{60}{2} = \frac{133}{t} \mathrm{MPa} \tag{3.62}$$

Si valuta ora il tensore risultante $\boldsymbol{T_{ris}}$ nel punto **1** della saldatura, che risulta il più sollecitato, essendo ivi massime le tensioni dovute a $\boldsymbol{M_f}$ ed $\boldsymbol{M_t}$ mentre la sollecitazione $\boldsymbol{\tau_T}$ è supposta costante in tutta la sezione e diretta lungo l'asse $\boldsymbol{Y}$.

$$T_{ris} = \sqrt{\tau_T^2 + \tau_{M_t}^2 + \sigma^2} = \sqrt{\left(\frac{4}{t}\right)^2 + \left(\frac{40}{t}\right)^2 + \left(\frac{133}{t}\right)^2} = \frac{139}{t} \mathrm{MPa} \tag{3.63}$$

Il tensore risultante così calcolato va confrontato con il valore della tensione ammissibile al fine di determinare lo spessore utile della saldatura pari allo spessore di gola del cordone $\boldsymbol{t}$ e, di conseguenza, l'altezza del cordone $\boldsymbol{h}$. A favore di sicurezza si utilizza un coefficiente riduttivo di **0,58** che equivale, in sostanza, a considerare una tensione ammissibile pari a quella per sollecitazione di pura torsione. Uguagliando il tensore risultante $\boldsymbol{T_{ris}}$ con la tensione ammissibile secondo l'Eq. 3.64, è possibile ricavare $\boldsymbol{t}$ mediante l'Eq. 3.65.

$$T_{amm} = \frac{S_y \cdot 0.58}{CS} = T_{ris} = \frac{139}{t} \tag{3.64}$$

$$t = \frac{139 \cdot CS}{S_y \cdot 0,58} = \frac{139 \cdot 2}{355 \cdot 0,58} = 1,35\text{mm} \tag{3.65}$$

Da cui si ricava immediatamente lo spessore minimo del cordone $\boldsymbol{h}$:

$$h = t \cdot \sqrt{2} = 1,9\text{mm} \tag{3.66}$$

Si sceglierà, dunque, un cordone di saldatura pari a $\boldsymbol{h=2mm}$.

3.5 Esercizio 5

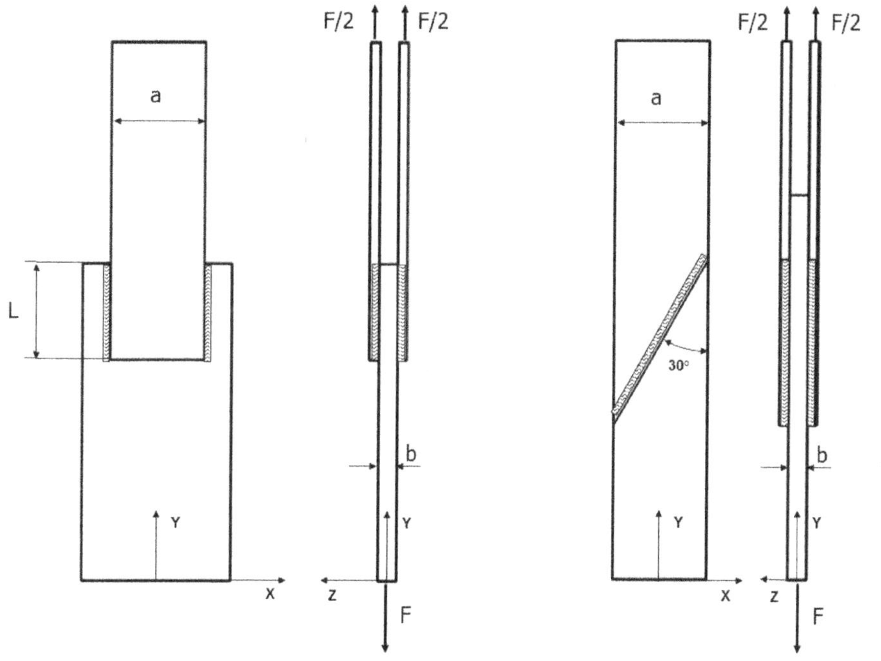

Figura 3.5: Schema di carico e geometria dei cordoni di saldatura

Si deve realizzare la giunzione saldata fra i piatti in Fig. 3.5, che può essere eseguita secondo le due diverse modalità mostrate: la prima prevede quattro cordoni d'angolo di pari lunghezza $\boldsymbol{L = 50mm}$ disposti parallelamente alla direzione della forza, mentre la seconda prevede il taglio angolato di $\boldsymbol{\alpha = 30°}$ dei due piatti laterali e la successiva realizzazione di due cordoni d'angolo giacenti sui relativi spigoli. I piatti sono soggetti ad una forza esterna di trazione pari a $\boldsymbol{F = 30kN}$. In entrambe le esecuzioni, il piatto centrale ha spessore $\boldsymbol{b = 10mm}$, la larghezza minima è $\boldsymbol{a = 50mm}$, mentre i due piatti laterali hanno spessore pari a $\boldsymbol{\frac{b}{2} = 5mm}$. Per entrambe le esecuzioni, determinare l'altezza minima $\boldsymbol{h}$ del cordone di saldatura, supponendo di scegliere un coefficiente di sicurezza minimo $\boldsymbol{CS = 2}$ rispetto al limite di snervamento del materiale d'apporto, che vale $\boldsymbol{S_y = 275MPa}$.

Soluzione

Si esamina dapprima la soluzione con cordoni longitudinali. In questo caso la forza esterna produce su ciascun cordone un taglio pari ad $\frac{\boldsymbol{F}}{\mathbf{4}} = \frac{\mathbf{30.000}}{\mathbf{4}} = \mathbf{7.500}\boldsymbol{N}$, pertanto la tensione tangenziale su ciascun cordone vale:

$$\tau = \frac{F}{4 \cdot A} \tag{3.67}$$

In cui $\boldsymbol{A}$ è la sezione resistente del cordone, che può essere calcolata come:

$$A = t \cdot L = 50t\text{mm}^2 \tag{3.68}$$

Si ha quindi:

$$\tau = \frac{30.000}{4 \cdot 50 \cdot t} = \frac{150}{t}\text{MPa} \tag{3.69}$$

Supponendo la tensione tangenziale costante su tutto il cordone, il tensore $\boldsymbol{T_{ris}}$ coincide con il valore dello sforzo tangenziale $\boldsymbol{\tau}$:

$$T = \sqrt{\tau^2} = \frac{150}{t}\text{MPa} \tag{3.70}$$

Il tensore risultante così calcolato va confrontato con il valore della tensione ammissibile al fine di determinare lo spessore utile della saldatura pari allo spessore di gola del cordone $\boldsymbol{t}$ e, di conseguenza, l'altezza del cordone $\boldsymbol{h}$. A favore di sicurezza si utilizza un coefficiente riduttivo di **0,58** che equivale, in sostanza, a considerare una tensione ammissibile pari a quella per sollecitazione di pura torsione. Uguagliando il tensore risultante $\boldsymbol{T_{ris}}$ con la tensione ammissibile secondo l'Eq. 3.71, è possibile ricavare lo spessore $\boldsymbol{t}$ mediante l'Eq. 3.72.

$$T_{amm} = \frac{S_y \cdot 0.58}{CS} = T_{ris} = \frac{150}{t} \tag{3.71}$$

$$t = \frac{150 \cdot CS}{S_y \cdot 0,58} = \frac{150 \cdot 2}{275 \cdot 0,58} = 1,88\text{mm} \tag{3.72}$$

Da cui si ricava immediatamente l'altezza minima del cordone $\boldsymbol{h}$:

$$h = t \cdot \sqrt{2} = 2,66\text{mm} \tag{3.73}$$

Si sceglierà, dunque, un cordone di saldatura pari a ***h=3mm***.

Si passa ora ad esaminare l'esecuzione con due cordoni inclinati di $\boldsymbol{\alpha} = \mathbf{30°}$ rispetto alla direzione della forza. In questo caso la forza esterna produce su ciascun cordone uno sforzo normale $\boldsymbol{N}$ ed un taglio $\boldsymbol{T}$ che possono essere espressi come segue:

$$N = \frac{F}{2} \cdot \sin\alpha = \frac{30.000}{2} \cdot \sin 30° = 7.500\text{N} \tag{3.74}$$

$$T = \frac{F}{2} \cdot \cos\alpha = \frac{30.000}{2} \cdot \cos 30° = 12.990\text{N} \tag{3.75}$$

Si procede, quindi, con il calcolo delle tensioni $\boldsymbol{\sigma}$ e $\boldsymbol{\tau}$ generate da $\boldsymbol{N}$ e $\boldsymbol{T}$ mediante le seguenti formule:

$$\sigma = \frac{N}{A} \tag{3.76}$$

$$\tau = \frac{T}{A} \tag{3.77}$$

Essendo la sezione resistente $\boldsymbol{A}$ di ciascun cordone calcolata come:

$$A = t \cdot L' = t \cdot \frac{a}{\sin\alpha} = 100t\text{mm}^2 \tag{3.78}$$

Ne consegue:

$$\sigma = \frac{N}{A} = \frac{7.500}{100 \cdot t} = \frac{75}{t}\text{MPa} \tag{3.79}$$

$$\tau = \frac{T}{A} = \frac{12.990}{100 \cdot t} = \frac{129,9}{t}\text{MPa} \tag{3.80}$$

Supponendo la tensione tangenziale costante su tutto il cordone, il tensore risultante $\boldsymbol{T_{ris}}$ vale in questo caso:

$$T = \sqrt{\tau^2 + \sigma^2} = \sqrt{129,9^2 + 75^2} = \frac{150}{t}\text{MPa} \tag{3.81}$$

Il tensore risultante così calcolato va confrontato con il valore della tensione ammissibile al fine di determinare lo spessore utile della saldatura pari allo spessore di gola del cordone $\boldsymbol{t}$ e, di conseguenza, l'altezza del cordone $\boldsymbol{h}$. A favore di sicurezza si utilizza un coefficiente riduttivo di **0,58** che equivale, in sostanza, a considerare una tensione ammissibile pari a quella per sollecitazione di pura torsione. Uguagliando il tensore risultante $\boldsymbol{T_{ris}}$ con la tensione ammissibile secondo l'Eq. 3.82, è possibile ricavare lo spessore $\boldsymbol{t}$ mediante l'Eq. 3.83.

$$T_{amm} = \frac{S_y \cdot 0.58}{CS} = T_{ris} = \frac{150}{t} \tag{3.82}$$

$$t = \frac{T \cdot CS}{S_y \cdot 0,58} = \frac{150 \cdot 2}{275 \cdot 0,58} = 1,88\text{mm} \tag{3.83}$$

Da cui si ricava immediatamente l'altezza minima del cordone $\boldsymbol{h}$:

$$h = t \cdot \sqrt{2} = 2,66\text{mm} \tag{3.84}$$

Si sceglierà, dunque, un cordone di saldatura pari a $\boldsymbol{h=3mm}$.

Come si può notare, l'altezza minima del cordone è la medesima, indipendentemente dal tipo di esecuzione (parallela o inclinata). Infatti, in virtù del criterio di resistenza adottato e per la particolare conformazione del giunto, l'orientamento angolare dei cordoni rispetto al carico non influisce sulla loro capacità portante. In altre parole, l'unico parametro geometrico che influenza la capacità portante dei cordoni è la loro sezione resistente complessiva.

Capitolo 4

Verifica a fatica degli alberi

4.1 Esercizio 1

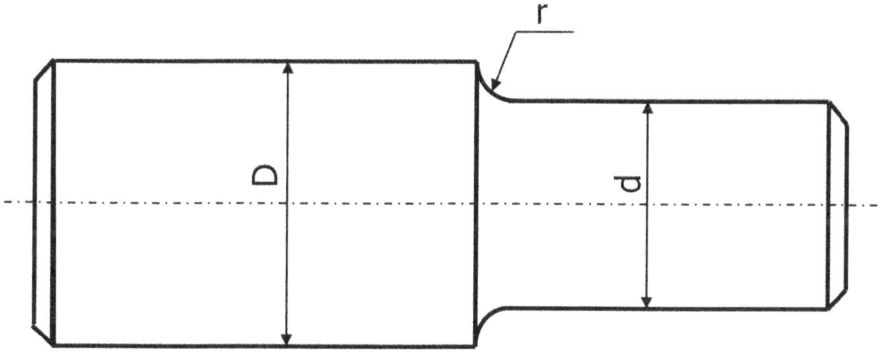

Figura 4.1: Porzione di albero

La porzione di albero riportata in Fig. 4.1 di dimensioni ***D=40mm***, ***d=30mm*** e ***r=1,5mm*** è soggetta ad un momento flettente M_f=***200 ±200Nm*** e ad un momento torcente M_t=***100 ±100Nm***. Determinare il coefficiente di sicurezza nei confronti di una rottura per fatica a 10^6 cicli nel caso si utilizzi un ***acciaio lavorato alla macchina utensile*** con S_u=***1.000MPa*** e S_y=***700MPa***.

Soluzione

La porzione di albero riportata in Fig. 4.1 presenta una variazione di forma (spallamento) che provoca la riduzione del limite di fatica del materiale portandolo da $\boldsymbol{S_n}$ ad $\boldsymbol{S_{nk}}$. Il loro rapporto, definito fattore di concentrazione delle tensioni a fatica, risulta ricavabile sperimentalmente o, per un numero di cicli $\boldsymbol{n=10^6}$, mediante la formula $\boldsymbol{K_f = 1 + q \cdot (K_t - 1)}$ in cui $\boldsymbol{q}$ è l'indice di sensibilità all'intaglio e $\boldsymbol{K_t}$ è il fattore di concentrazione teorico delle tensioni. Poiché la conoscenza di $\boldsymbol{K_f}$ risulta indispensabile per il progetto o per la verifica dell'albero e dal momento che non si possiedono dati sperimentali sul materiale, si deve ricorrere alla precedente formula e, dunque, ricavare $\boldsymbol{K_t}$ e $\boldsymbol{q}$ per poi ottenere $\boldsymbol{K_f}$. Il fattore $\boldsymbol{K_t}$ risulta indipendente dal materiale ed è ricavabile da formule matematiche, o dai loro grafici, in funzione di due rapporti adimensionali ($\frac{D}{d}$ e $\frac{r}{d}$ che tengono conto della forma dell'intaglio) e del tipo di sollecitazione (momento flettente $\boldsymbol{K_{tf}}$, momento torcente $\boldsymbol{K_{tt}}$ o sforzo normale $\boldsymbol{K_{tn}}$). Il coefficiente $\boldsymbol{q}$ si ricava, invece, da un grafico in funzione del raggio di raccordo $\boldsymbol{r}$ e dalla resistenza del materiale con curve differenti per sollecitazioni di tipo $\boldsymbol{\sigma}$ e di tipo $\boldsymbol{\tau}$. Secondo quanto proposto da numerosi autori si preferisce utilizzare $\boldsymbol{K_f}$ come fattore di moltiplicazione delle tensioni teoriche ideali piuttosto che come fattore di riduzione della resistenza a fatica del materiale. Infatti lo scopo finale è quello di calcolare il coefficiente di sicurezza rispetto alla rottura per fatica, durante l'esercizio, di un componente nel quale lo stato tensionale viene amplificato, per effetto della presenza dell'intaglio. Pertanto, come prima cosa occorre calcolare i rapporti $\frac{D}{d}$ e $\frac{r}{d}$ necessari per la determinazione dei fattori $\boldsymbol{K_t}$. Poiché sono presenti sollecitazioni sia flessionali sia torsionali si dovranno determinare sia $\boldsymbol{K_{tf}}$ sia $\boldsymbol{K_{tt}}$. Per la geometria dell'albero si ha:

$$\begin{aligned} \frac{D}{d} &= \frac{40}{30} = 1,33 \\ \frac{r}{d} &= \frac{1,5}{30} = 0,05 \end{aligned} \tag{4.1}$$

Con questi due valori si determinano i coefficienti di forma $\boldsymbol{K_{tf}}$ e $\boldsymbol{K_{tt}}$ dai grafici di Fig. 4.2 e di Fig. 4.3 per i quali risulta:

$$\begin{aligned} K_{tf} &= 2,12 \\ K_{tt} &= 1,59 \end{aligned} \tag{4.2}$$

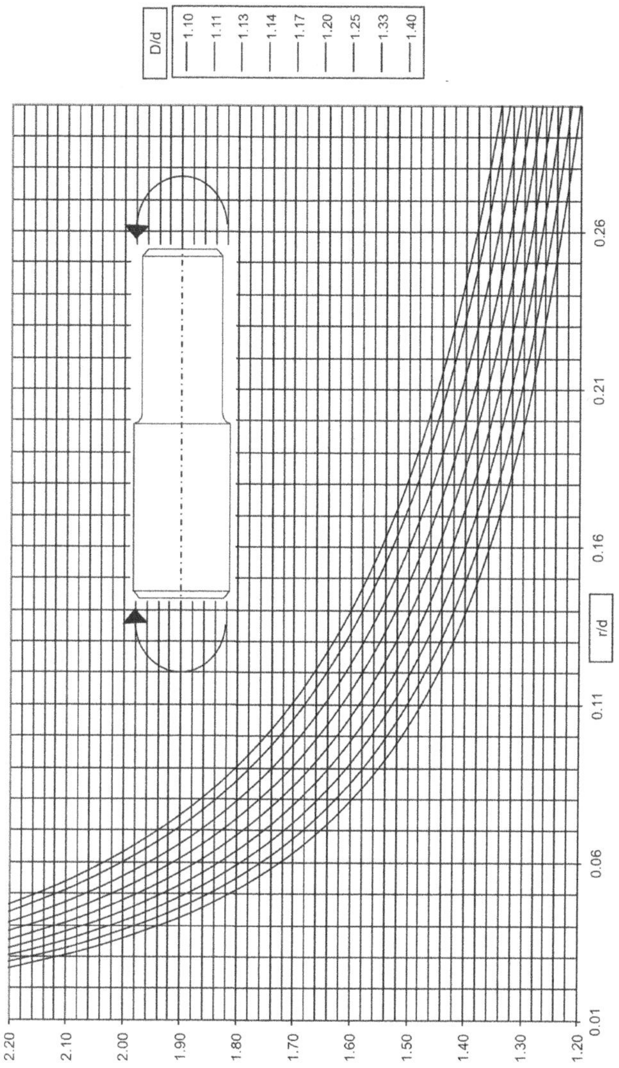

Figura 4.2: Grafico del $\boldsymbol{K_{tf}}$

Mentre dal grafico di Fig. 4.4 si ricavano i seguenti valori degli indici di sensibilità all'intaglio.

$$
\begin{aligned}
q_\sigma &= 0,84 \\
q_\tau &= 0,86
\end{aligned}
\tag{4.3}
$$

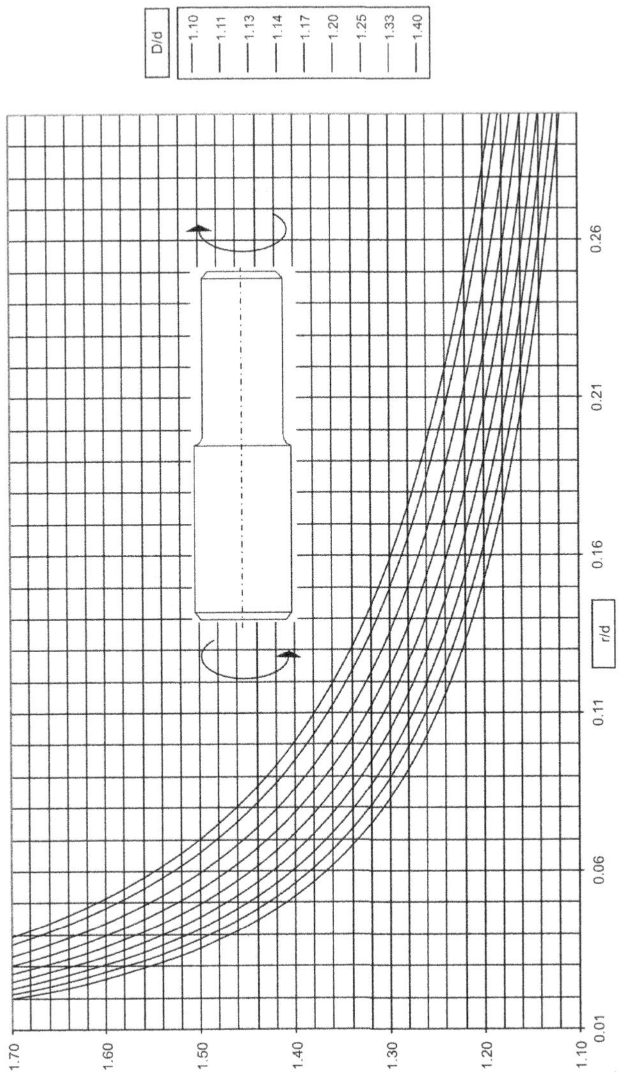

Figura 4.3: Grafico del $\boldsymbol{K_{tt}}$

Si possono quindi calcolare i fattori di concentrazione delle tensioni che valgono:

$$\begin{aligned} K_{ff} &= 1 + q_\sigma \cdot (K_{tf} - 1) = 1 + 0,84 \cdot (2,12 - 1) = 1,94 \\ K_{ft} &= 1 + q_\tau \cdot (K_{tt} - 1) = 1 + 0,86 \cdot (1,59 - 1) = 1,51 \end{aligned} \tag{4.4}$$

Si procede ora con il calcolo delle tensioni nominali agenti sull'albero.

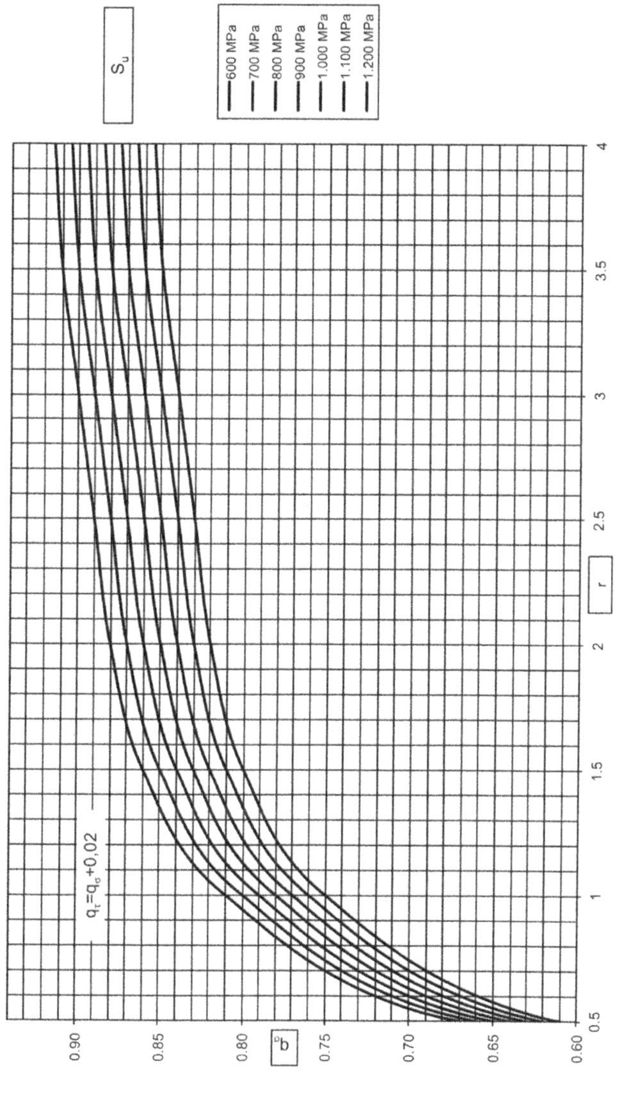

Figura 4.4: Grafico del $\boldsymbol{q}$

Essendo la sezione in esame circolare, su di essa agiranno delle tensioni normali dovute alla flessione pari a $\boldsymbol{\sigma_{Mf} = \pm\frac{M_f}{W_f} = \pm\frac{32 \cdot M_f}{\pi \cdot d^3}}$ e delle tensioni tangenziali dovute alla torsione date da $\boldsymbol{\tau_{Mt} = \frac{M_t}{W_t} = \frac{16 \cdot M_t}{\pi \cdot d^3}}$.

Indicando con il pedice $\boldsymbol{m}$ le tensioni dovute alle componenti medie della sollecitazione e con il pedice $\boldsymbol{a}$ quelle dovute alle componenti alternate, si ottengono le seguenti tensioni nominali (pedice $\boldsymbol{n}$):

$$\begin{aligned}
\sigma_{m_f_n} &= \frac{M_{f_m}}{W_f} = \frac{32 \cdot 200.000}{\pi \cdot 30^3} = 75\text{MPa} \\
\sigma_{a_f_n} &= \frac{M_{f_a}}{W_f} = \frac{32 \cdot 200.000}{\pi \cdot 30^3} = 75\text{MPa} \\
\tau_{m_t_n} &= \frac{M_{t_m}}{W_t} = \frac{16 \cdot 100.000}{\pi \cdot 30^3} = 19\text{MPa} \\
\tau_{a_t_n} &= \frac{M_{t_a}}{W_t} = \frac{16 \cdot 100.000}{\pi \cdot 30^3} = 19\text{MPa}
\end{aligned} \tag{4.5}$$

Note le tensioni nominali si determinano quelle reali (pedice $\boldsymbol{K}$) tenendo conto dei coefficienti $\boldsymbol{K_{ff}}$ e $\boldsymbol{K_{ft}}$ precedentemente calcolati:

$$\begin{aligned}
\sigma_{m_f_K} &= \sigma_{m_f_n} \cdot K_{ff} = 75 \cdot 1,94 = 145\text{MPa} \\
\sigma_{a_f_K} &= \sigma_{a_f_n} \cdot K_{ff} = 75 \cdot 1,94 = 145\text{MPa} \\
\tau_{m_t_K} &= \tau_{m_n} \cdot K_{ft} = 19 \cdot 1,51 = 29\text{MPa} \\
\tau_{a_t_K} &= \tau_{a_n} \cdot K_{ft} = 19 \cdot 1,51 = 29\text{MPa}
\end{aligned} \tag{4.6}$$

A questo punto occorre comporre opportunamente le tensioni appena calcolate in modo da ottenere una tensione media equivalente del componente reale ($\boldsymbol{\sigma_{m\_eq\_K}}$) ed una alterna equivalente del componente reale ($\boldsymbol{\sigma_{a\_eq\_K}}$) che rappresentano la condizione di sollecitazione equivalente del materiale. Questo procedimento, eseguito ogni volta che in un punto della sezione di un componente agisce una combinazione di sollecitazioni (flessione, trazione, torsione e taglio), ha lo scopo di ridurre lo stato tensionale pluriassiale ad uno equivalente monoassiale per il quale sono note le caratteristiche di resistenza del materiale. Si determina pertanto la tensione media equivalente utilizzando il criterio della tensione massima principale:

$$\begin{aligned}
\sigma_{m_eq_K} &= \frac{\sigma_{m_f_K}}{2} + \sqrt{\left(\frac{\sigma_{m_f_K}}{2}\right)^2 + \tau_{m_t_K}^2} = \\
&= \frac{145}{2} + \sqrt{\left(\frac{145}{2}\right)^2 + 29^2} = 151\text{MPa}
\end{aligned} \tag{4.7}$$

e la tensione alternata equivalente utilizzando il criterio di Von Mises:

$$\sigma_{a\_eq\_K} = \sqrt{\sigma_{a\_f\_K}^2 + 3 \cdot \tau_{a\_t\_K}^2} = \sqrt{145^2 + 3 \cdot 29^2} = 153\text{MPa} \tag{4.8}$$

Il passo successivo è la costruzione del diagramma di ***Haigh*** (Fig. 4.5) per $\boldsymbol{10^6}$ cicli nel quale si disegnano le due rette limite e la retta di funzionamento e se ne calcolano le intersezioni in modo da determinare il coefficiente di sicurezza della condizione di funzionamento considerata. Nel diagramma di ***Haigh*** di Fig. 4.5 il pedice $\boldsymbol{f}$ di $\boldsymbol{\sigma_{m\_f\_K}}$ e di $\boldsymbol{\sigma_{a\_f\_K}}$ sta ad indicare, appunto, la tensione ***di funzionamento*** che, nel caso in esame, coincide con quella equivalente ($\boldsymbol{\sigma_{m\_f\_K} = \sigma_{m\_eq\_K}}$, $\boldsymbol{\sigma_{a\_f\_K} = \sigma_{a\_eq\_K}}$).

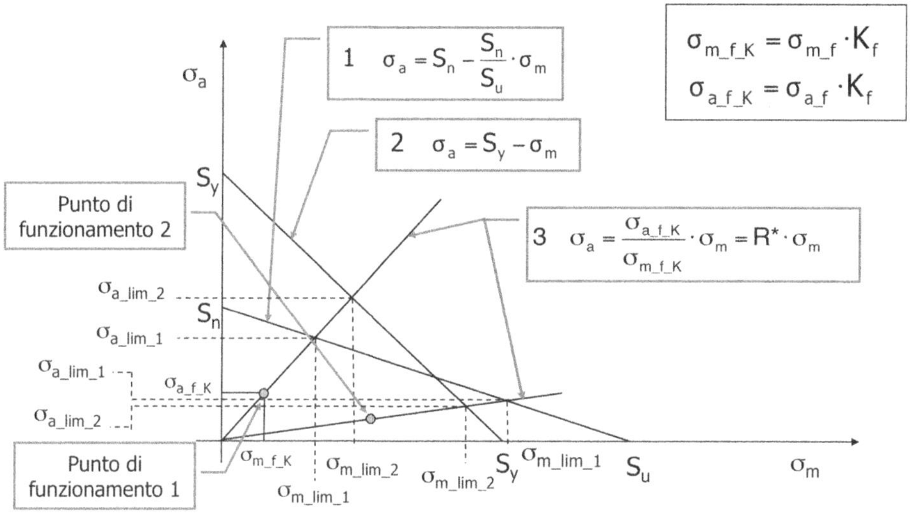

Figura 4.5: Diagramma di Haigh

Per costruire il diagramma di ***Haigh*** si determina il limite di fatica a $\boldsymbol{10^6}$ cicli per il materiale in esame. Tale limite indicato con $\boldsymbol{S_{10^6}}$ o più semplicemente $\boldsymbol{S_n}$ vale:

$$S_n = S'_n \cdot C_L \cdot C_G \cdot C_S \tag{4.9}$$

dove $\boldsymbol{S'_n}$ è il limite a fatica a $\boldsymbol{10^6}$ cicli del provino liscio, lucidato a specchio e di **10mm** di diametro (se non si possiedono i dati sperimentali sul materiale si può assumere $\boldsymbol{S'_n = 0{,}5 \cdot S_u}$), $\boldsymbol{C_L}$ è il fattore di carico (secondo la tabella di Fig. 4.6), $\boldsymbol{C_G}$ il fattore del gradiente di tensione (sempre secondo la tabella di Fig. 4.6), $\boldsymbol{C_S}$ il fattore di finitura superficiale (secondo il grafico di Fig. 4.7).

	Flessione	Trazione	Torsione
C_L (fattore di carico)	1	1	0,58
C_G (fattore per il gradiente di tensione)			
diametro: d < 10mm	1	da 0,7 a 0,9	1
diametro: 10mm < d < 50mm	0,9	da 0,7 a 0,9	0,9

[1] Per materiali che non mostrino un limite di fatica, applicare i fattori alla resistenza per 10^8 o per $5x10^8$ cicli.
[2] Se 50mm<d<100mm ridurre questi fattori di circa 0,1. Se 100mm<d<150mm ridurre questi fattori di circa 0,2.
[3] Usualmente non vengono applicate correzioni per il gradiente di tensione o per lo stato superficiale, ma i valori sperimentali di S_U o di S_{US} dovrebbero riferirsi a dimensioni abbastanza prossime a quelle in esame.
[4] S_{US}=0,8 S_U per gli acciai, S_{US}=0,7 S_U per gli altri materiali.

Figura 4.6: Coefficienti C_L e C_G

Per la porzione di albero considerata di dimensioni ***D=40mm***, ***d=30mm*** realizzato in ***acciaio lavorato alla macchina utensile*** con ***S_y=1.000MPa*** e ***S_y=700MPa*** si ottiene:

$$S_n = 0,5 \cdot S_u \cdot C_L \cdot C_G \cdot C_S = 0,5 \cdot 1.000 \cdot 1 \cdot 0,9 \cdot 0,7 = 315\text{MPa} \quad (4.10)$$

L'equazione della retta 1, della retta 2 e del della retta 3 riportate nel diagramma di Fig. 4.5 sono le seguenti:

$$\begin{aligned} &\text{retta 1} && \sigma_a = S_n - \frac{S_n}{S_u} \cdot \sigma_m \\ &\text{retta 2} && \sigma_a = S_y - \sigma_m \\ &\text{retta 3} && \sigma_a = R^* \cdot \sigma_m \end{aligned} \quad (4.11)$$

Il rapporto tra le sollecitazioni ***R^**** è pari a:

$$R^* = \frac{\sigma_{a\_f\_K}}{\sigma_{m\_f\_K}} = \frac{\sigma_{a\_eq\_K}}{\sigma_{m\_eq\_K}} = \frac{153}{151} = 1,01 \quad (4.12)$$

Si può quindi costruire il diagramma di ***Haigh*** di Fig. 4.5 e calcolare il coefficiente di sicurezza supponendo che il componente giunga a rottura mantenendo costante ***R^**** e che dunque i limiti di funzionamento si trovino

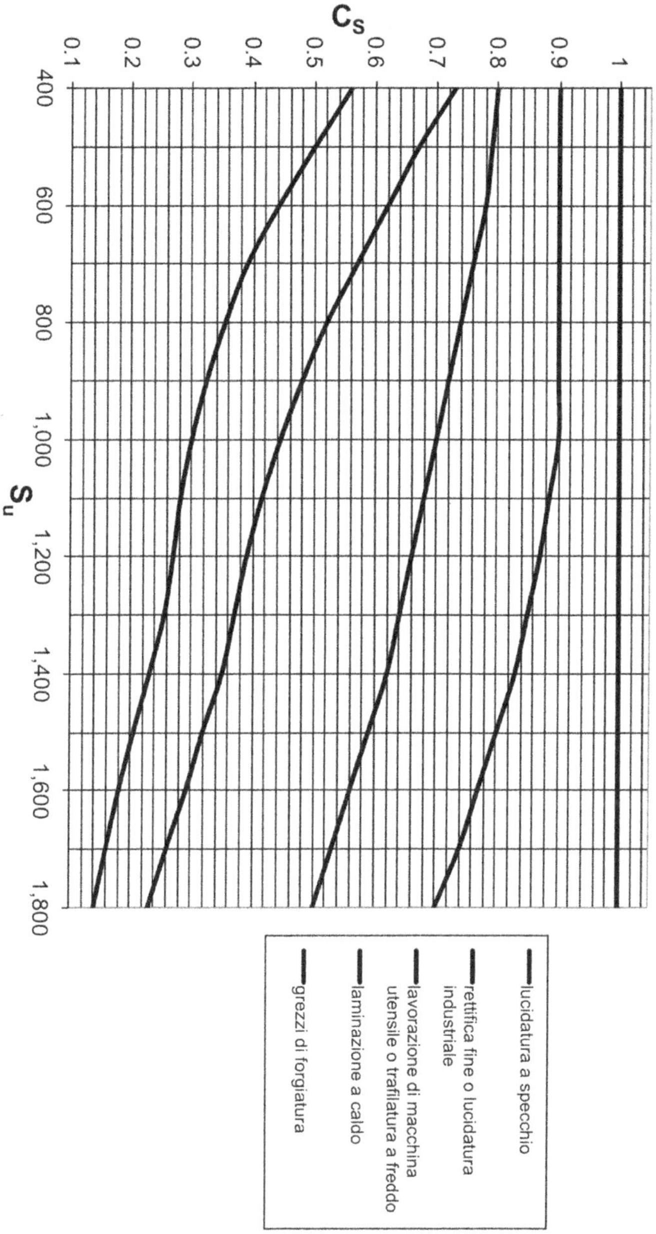

Figura 4.7: Grafico del coefficiente C_S

nelle intersezioni tra ***la retta 1 e la retta 3*** o tra ***la retta 2 e la retta 3***; naturalmente si sceglierà il punto con i valori limite più bassi. Il coefficiente di sicurezza sarà dato, dunque, da:

$$CS = \min\left\{\frac{\sigma_{a\_lim\_1}}{\sigma_{a\_eq\_K}};\frac{\sigma_{a\_lim\_2}}{\sigma_{a\_eq\_K}}\right\} \tag{4.13}$$

dove:

$$\sigma_{a\_lim\_1} = \frac{S_n}{1+\frac{S_n}{S_u \cdot R^*}} = \frac{315}{1+\frac{315}{1.000 \cdot 1{,}01}} = 240\text{MPa} \tag{4.14}$$

$$\sigma_{a\_lim\_2} = \frac{S_y}{1+\frac{1}{R^*}} = \frac{700}{1+\frac{1}{1{,}01}} = 352\text{MPa} \tag{4.15}$$

Il coefficiente di sicurezza risulta perciò pari a:

$$CS = \min\left\{\frac{240}{153};\frac{352}{153}\right\} = \min\{1,57;2,30\} = 1,57 \tag{4.16}$$

4.2 Esercizio 2

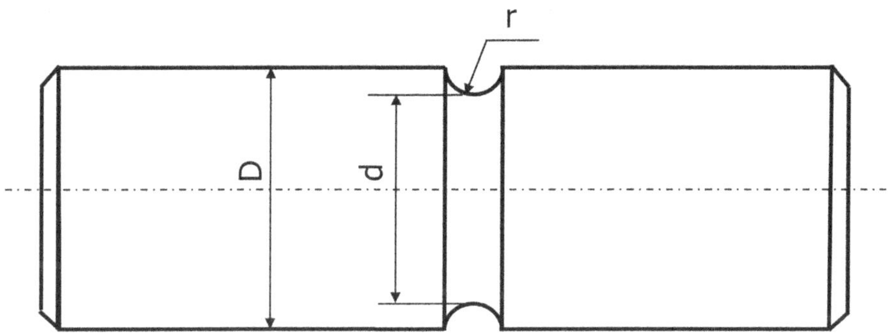

Figura 4.8: Porzione di albero

La porzione di albero riportata in Fig. 4.8 di dimensioni $\boldsymbol{D=30mm}$, $\boldsymbol{d=25mm}$ e $\boldsymbol{r=1,5mm}$ è soggetta ad un momento flettente $\boldsymbol{M_f=100 \pm 50Nm}$ e ad un momento torcente $\boldsymbol{M_t=50 \pm 100Nm}$. Determinare il coefficiente di sicurezza nei confronti di una rottura per fatica a $\boldsymbol{10^6}$ cicli nel caso si utilizzi un ***acciaio rettificato finemente*** con $\boldsymbol{S_u=800MPa}$ e $\boldsymbol{S_y=550MPa}$.

Soluzione

La porzione di albero riportata in Fig. 4.8 presenta una variazione di forma (gola) che provoca la riduzione del limite di fatica del materiale portandolo da $\boldsymbol{S_n}$ ad $\boldsymbol{S_{nk}}$. Il loro rapporto, definito fattore di concentrazione delle tensioni a fatica, risulta ricavabile sperimentalmente o, per un numero di cicli $\boldsymbol{n=10^6}$, mediante la formula $\boldsymbol{K_f = 1 + q \cdot (K_t - 1)}$ in cui $\boldsymbol{q}$ è l'indice di sensibilità all'intaglio e $\boldsymbol{K_t}$ è il fattore di concentrazione teorico delle tensioni. Poiché la conoscenza di $\boldsymbol{K_f}$ risulta indispensabile per il progetto o per la verifica dell'albero e dal momento che non si possiedono dati sperimentali sul materiale, si deve ricorrere alla precedente formula e, dunque, ricavare $\boldsymbol{K_t}$ e $\boldsymbol{q}$ per poi ottenere $\boldsymbol{K_f}$. Il fattore $\boldsymbol{K_t}$ risulta indipendente dal materiale ed è ricavabile da formule matematiche, o dai loro grafici, in funzione di due rapporti adimensionali ($\frac{D}{d}$ e $\frac{r}{d}$ che tengono conto della forma dell'intaglio) e del tipo di sollecitazione (momento flettente $\boldsymbol{K_{tf}}$, momento torcente $\boldsymbol{K_{tt}}$ o sforzo normale $\boldsymbol{K_{tn}}$).

Il coefficiente $\boldsymbol{q}$ si ricava, invece, da un grafico in funzione del raggio di raccordo $\boldsymbol{r}$ e dalla resistenza del materiale con curve differenti per sollecitazioni di tipo $\boldsymbol{\sigma}$ e di tipo $\boldsymbol{\tau}$. Secondo quanto proposto da numerosi autori si preferisce utilizzare $\boldsymbol{K_f}$ come fattore di moltiplicazione delle tensioni teoriche ideali piuttosto che come fattore di riduzione della resistenza a fatica del materiale. Infatti lo scopo finale è quello di calcolare il coefficiente di sicurezza rispetto alla rottura per fatica, durante l'esercizio, di un componente nel quale lo stato tensionale viene amplificato, per effetto della presenza dell'intaglio. Pertanto, come prima cosa occorre calcolare i rapporti $\frac{\boldsymbol{D}}{\boldsymbol{d}}$ e $\frac{\boldsymbol{r}}{\boldsymbol{d}}$ necessari per la determinazione dei fattori $\boldsymbol{K_t}$. Poiché sono presenti sollecitazioni sia flessionali sia torsionali si dovranno determinare sia $\boldsymbol{K_{tf}}$ sia $\boldsymbol{K_{tt}}$. Per la geometria dell'albero si ha:

$$\begin{aligned} \frac{D}{d} &= \frac{30}{25} = 1,2 \\ \frac{r}{d} &= \frac{1,5}{25} = 0,06 \end{aligned} \tag{4.17}$$

Con questi due valori si determinano i coefficienti di forma $\boldsymbol{K_{tf}}$ e $\boldsymbol{K_{tt}}$ dai grafici di Fig. 4.9 e di Fig. 4.10 per i quali risulta:

$$\begin{aligned} K_{tf} &= 2,43 \\ K_{tt} &= 1,75 \end{aligned} \tag{4.18}$$

Mentre dal grafico di Fig. 4.11 si ricavano i seguenti valori degli indici di sensibilità all'intaglio.

$$\begin{aligned} q_\sigma &= 0,82 \\ q_\tau &= 0,84 \end{aligned} \tag{4.19}$$

Si possono quindi calcolare i fattori di concentrazione delle tensioni che valgono:

$$\begin{aligned} K_{ff} &= 1 + q_\sigma \cdot (K_{tf} - 1) = 1 + 0,82 \cdot (2,43 - 1) = 2,17 \\ K_{ft} &= 1 + q_\tau \cdot (K_{tt} - 1) = 1 + 0,84 \cdot (1,75 - 1) = 1,63 \end{aligned} \tag{4.20}$$

Si procede ora con il calcolo delle tensioni nominali agenti sull'albero. Essendo la sezione in esame circolare, su di essa agiranno delle tensioni normali dovute alla flessione pari a $\boldsymbol{\sigma_{Mf}} = \pm\frac{\boldsymbol{M_f}}{\boldsymbol{W_f}} = \pm\frac{\boldsymbol{32 \cdot M_f}}{\boldsymbol{\pi \cdot d^3}}$ e delle tensioni tangenziali dovute alla torsione date da $\boldsymbol{\tau_{Mt}} = \frac{\boldsymbol{M_t}}{\boldsymbol{W_t}} = \frac{\boldsymbol{16 \cdot M_t}}{\boldsymbol{\pi \cdot d^3}}$.

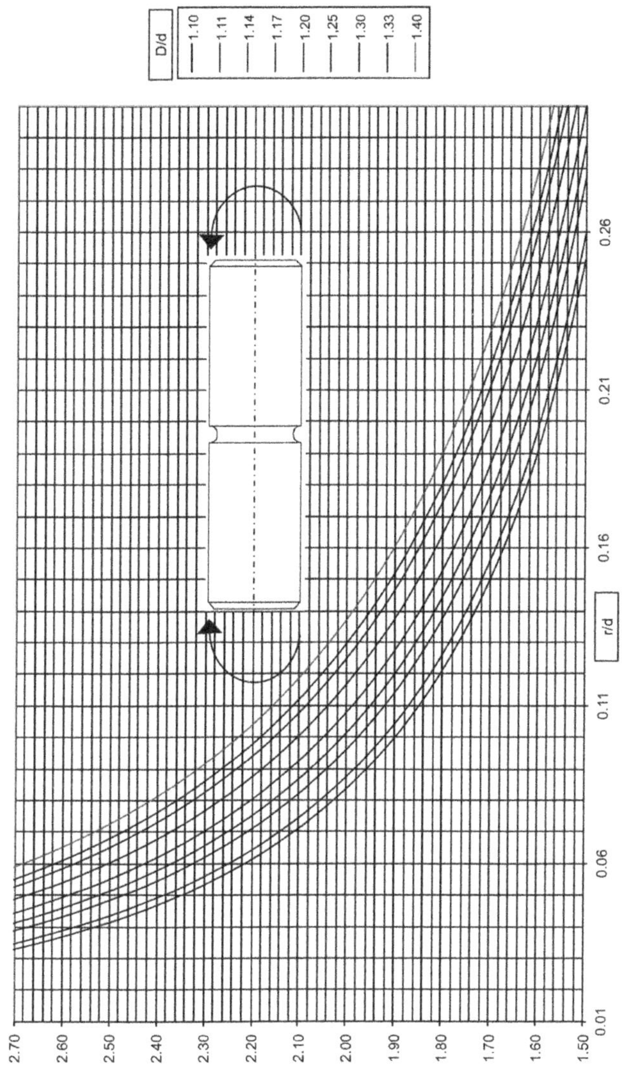

Figura 4.9: Grafico del $\boldsymbol{K_{tf}}$

Indicando con il pedice $\boldsymbol{m}$ le tensioni dovute alle componenti medie della sollecitazione e con il pedice $\boldsymbol{a}$ quelle dovute alle componenti alternate, si ottengono le seguenti tensioni nominali (pedice $\boldsymbol{n}$):

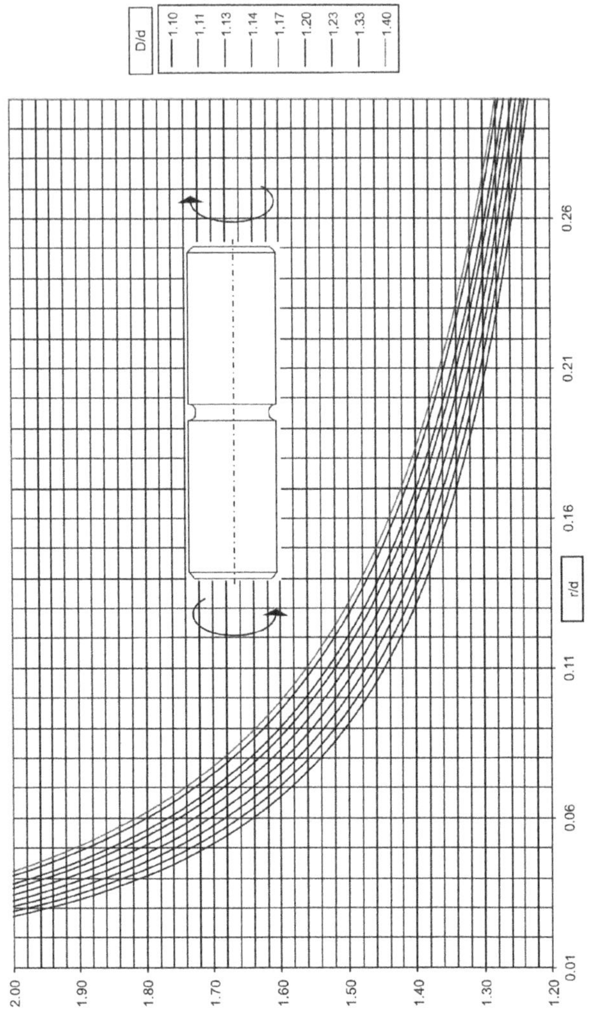

Figura 4.10: Grafico del $\boldsymbol{K_{tt}}$

$$
\begin{aligned}
\sigma_{m\_f\_n} &= \frac{M_{f\_m}}{W_f} = \frac{32 \cdot 100.000}{\pi \cdot 25^3} = 65\text{MPa} \\
\sigma_{a\_f\_n} &= \frac{M_{f\_a}}{W_f} = \frac{32 \cdot 50.000}{\pi \cdot 25^3} = 33\text{MPa} \\
\tau_{m\_t\_n} &= \frac{M_{t\_m}}{W_t} = \frac{16 \cdot 50.000}{\pi \cdot 25^3} = 16\text{MPa} \\
\tau_{a\_t\_n} &= \frac{M_{t\_a}}{W_t} = \frac{16 \cdot 100.000}{\pi \cdot 25^3} = 33\text{MPa}
\end{aligned}
\tag{4.21}
$$

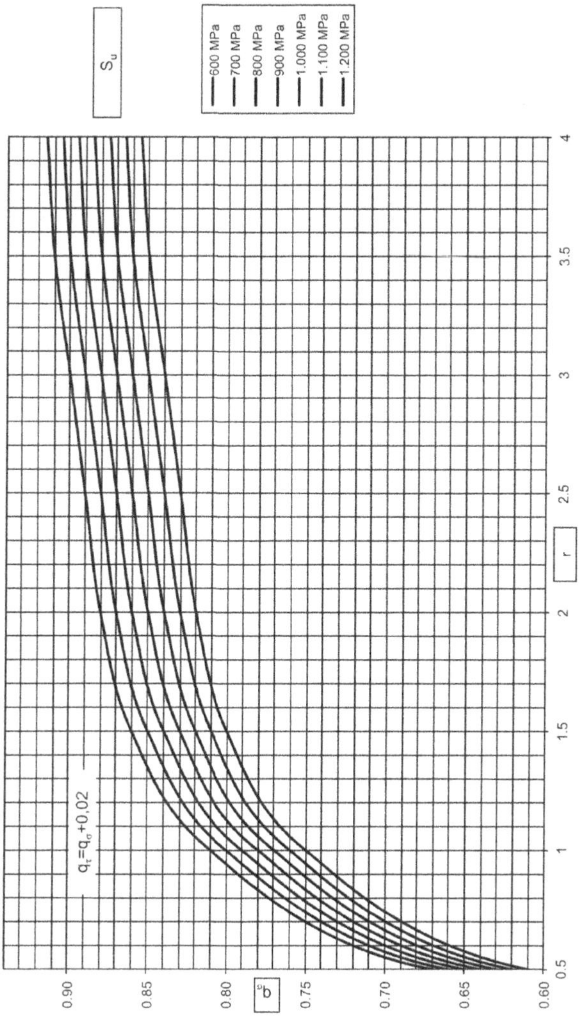

Figura 4.11: Grafico del $\boldsymbol{q}$

Note le tensioni nominali si determinano quelle reali (pedice $\boldsymbol{K}$) tenendo conto dei coefficienti $\boldsymbol{K_{ff}}$ e $\boldsymbol{K_{ft}}$ precedentemente calcolati:

$$\begin{aligned}
\sigma_{m_f_K} &= \sigma_{m_f_n} \cdot K_{ff} = 65 \cdot 2,17 = 141\text{MPa} \\
\sigma_{a_f_K} &= \sigma_{a_f_n} \cdot K_{ff} = 33 \cdot 2,17 = 72\text{MPa} \\
\tau_{m_t_K} &= \tau_{m_n} \cdot K_{ft} = 16 \cdot 1,63 = 26\text{MPa} \\
\tau_{a_t_K} &= \tau_{a_n} \cdot K_{ft} = 33 \cdot 1,63 = 54\text{MPa}
\end{aligned} \tag{4.22}$$

A questo punto occorre comporre opportunamente le tensioni appena calcolate in modo da ottenere una tensione media equivalente del componente reale ($\boldsymbol{\sigma_{m\_eq\_K}}$) ed una alterna equivalente del componente reale ($\boldsymbol{\sigma_{a\_eq\_K}}$) che rappresentano la condizione di sollecitazione equivalente del materiale. Questo procedimento, eseguito ogni volta che in un punto della sezione di un componente agisce una combinazione di sollecitazioni (flessione, trazione, torsione e taglio), ha lo scopo di ridurre lo stato tensionale pluriassiale ad uno equivalente monoassiale per il quale sono note le caratteristiche di resistenza del materiale. Si determina pertanto la tensione media equivalente utilizzando il criterio della tensione massima principale:

$$\begin{aligned}
\sigma_{m_eq_K} &= \frac{\sigma_{m_f_K}}{2} + \sqrt{\left(\frac{\sigma_{m_f_K}}{2}\right)^2 + \tau^2_{m_t_K}} = \\
&= \frac{141}{2} + \sqrt{\left(\frac{141}{2}\right)^2 + 26^2} = 146\text{MPa}
\end{aligned} \tag{4.23}$$

e la tensione alternata equivalente utilizzando il criterio di Von Mises:

$$\sigma_{a\_eq\_K} = \sqrt{\sigma^2_{a\_f\_K} + 3 \cdot \tau^2_{a\_t\_K}} = \sqrt{72^2 + 3 \cdot 54^2} = 118\text{MPa} \tag{4.24}$$

Il passo successivo è la costruzione del diagramma di ***Haigh*** (Fig. 4.12) per $\boldsymbol{10^6}$ cicli nel quale si disegnano le due rette limite e la retta di funzionamento e se ne calcolano le intersezioni in modo da determinare il coefficiente di sicurezza della condizione di funzionamento considerata. Nel diagramma di ***Haigh*** di Fig. 4.12 il pedice ***f*** di $\boldsymbol{\sigma_{m\_f\_K}}$ e di $\boldsymbol{\sigma_{a\_f\_K}}$ sta ad indicare, appunto, la tensione ***di funzionamento*** che, nel caso in esame, coincide con quella equivalente ($\boldsymbol{\sigma_{m\_f\_K} = \sigma_{m\_eq\_K}}$, $\boldsymbol{\sigma_{a\_f\_K} = \sigma_{a\_eq\_K}}$).

Per costruire il diagramma di ***Haigh*** si determina il limite di fatica a $\boldsymbol{10^6}$ cicli per il materiale in esame. Tale limite indicato con $\boldsymbol{S_{10^6}}$ o più semplicemente $\boldsymbol{S_n}$ vale:

$$S_n = S'_n \cdot C_L \cdot C_G \cdot C_S \tag{4.25}$$

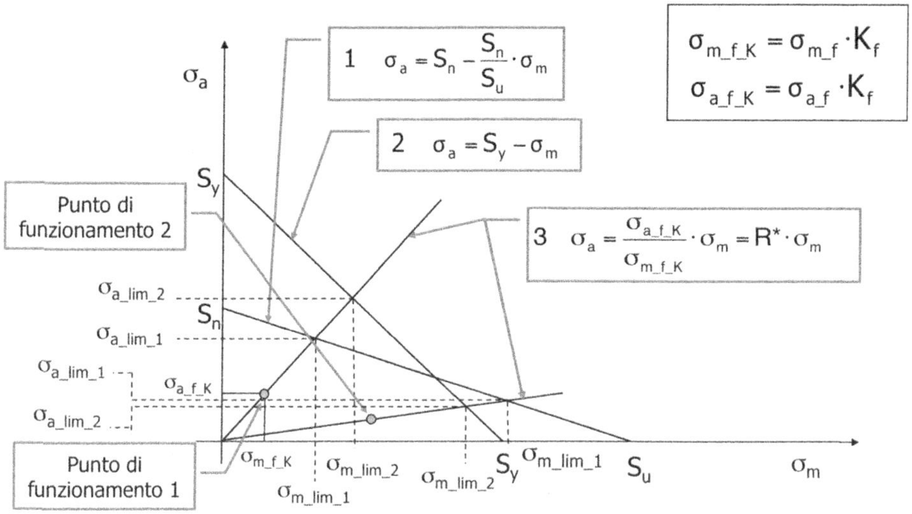

Figura 4.12: Diagramma di Haigh

	Flessione	Trazione	Torsione
C_L (fattore di carico)	1	1	0,58
C_G (fattore per il gradiente di tensione)			
diametro: d < 10mm	1	da 0,7 a 0,9	1
diametro: 10mm < d < 50mm	0,9	da 0,7 a 0,9	0,9

[1] Per materiali che non mostrino un limite di fatica, applicare i fattori alla resistenza per 10^8 o per 5x10^8 cicli.
[2] Se 50mm<d<100mm ridurre questi fattori di circa 0,1. Se 100mm<d<150mm ridurre questi fattori di circa 0,2.
[3] Usualmente non vengono applicate correzioni per il gradiente di tensione o per lo stato superficiale, ma i valori sperimentali di S_U o di S_{US} dovrebbero riferirsi a dimensioni abbastanza prossime a quelle in esame.
[4] S_{US}=0,8 S_U per gli acciai, S_{US}=0,7 S_U per gli altri materiali.

Figura 4.13: Coefficienti C_L e C_G

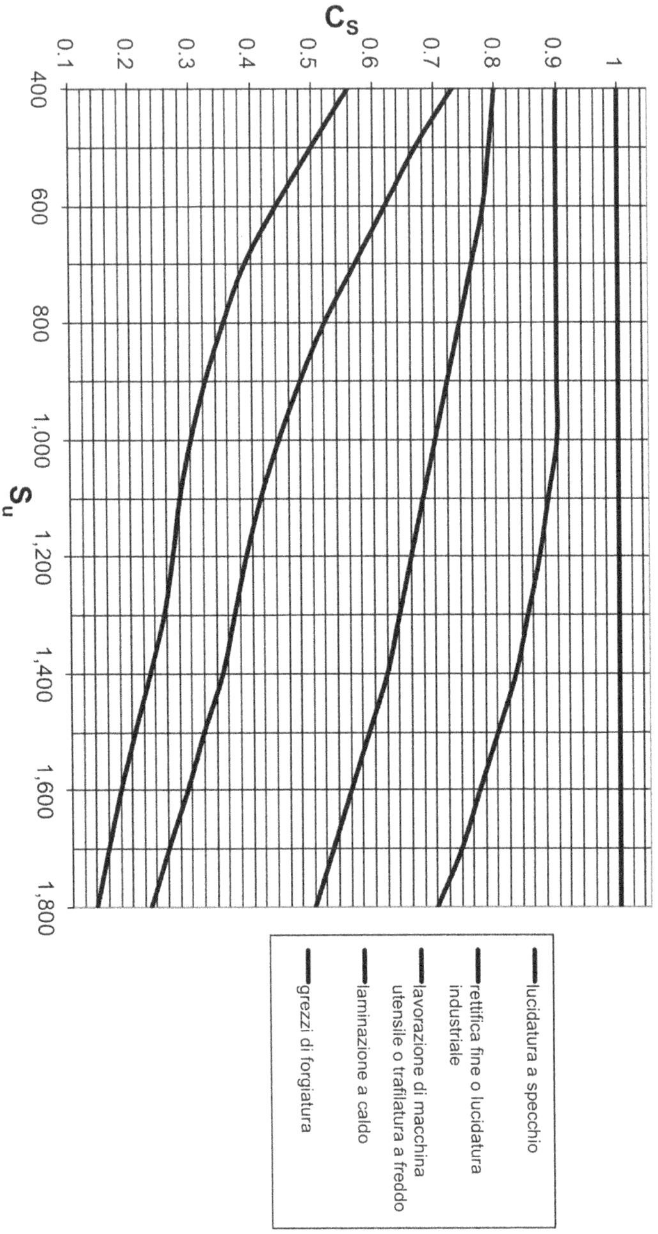

Figura 4.14: Grafico del coefficiente C_S

dove S'_n è il limite a fatica a 10^6 cicli del provino liscio, lucidato a specchio e di **10mm** di diametro (se non si possiedono i dati sperimentali sul materiale si può assumere $S'_n = 0,5 \cdot S_u$), C_L è il fattore di carico (secondo la tabella di Fig. 4.13), C_G il fattore del gradiente di tensione (sempre secondo la tabella di Fig. 4.13), C_S il fattore di finitura superficiale (secondo il grafico di Fig. 4.14).

Per la porzione di albero considerata di dimensioni $D = 30mm$, $d = 25mm$ realizzato in ***acciaio lavorato alla macchina utensile*** con $S_y = 800MPa$ e $S_y = 550MPa$ si ottiene:

$$S_n = 0,5 \cdot S_u \cdot C_L \cdot C_G \cdot C_S = 0,5 \cdot 800 \cdot 1 \cdot 0,9 \cdot 0,9 = 324\text{MPa} \quad (4.26)$$

L'equazione della retta 1, della retta 2 e del della retta 3 riportate nel diagramma di Fig. 4.12 sono le seguenti:

$$\begin{array}{ll} \text{retta 1} & \sigma_a = S_n - \dfrac{S_n}{S_u} \cdot \sigma_m \\ \text{retta 2} & \sigma_a = S_y - \sigma_m \\ \text{retta 3} & \sigma_a = R^* \cdot \sigma_m \end{array} \quad (4.27)$$

Il rapporto tra le sollecitazioni R^* è pari a:

$$R^* = \frac{\sigma_{a\_f\_K}}{\sigma_{m\_f\_K}} = \frac{\sigma_{a\_eq\_K}}{\sigma_{m\_eq\_K}} = \frac{118}{146} = 0,81 \quad (4.28)$$

Si può quindi costruire il diagramma di ***Haigh*** di Fig. 4.12 e calcolare il coefficiente di sicurezza supponendo che il componente giunga a rottura mantenendo costante R^* e che dunque i limiti di funzionamento si trovino nelle intersezioni tra ***la retta 1 e la retta 3*** o tra ***la retta 2 e la retta 3***; naturalmente si sceglierà il punto con i valori limite più bassi. Il coefficiente di sicurezza sarà dato, dunque, da:

$$CS = \min\left\{\frac{\sigma_{a\_lim\_1}}{\sigma_{a\_eq\_K}}; \frac{\sigma_{a\_lim\_2}}{\sigma_{a\_eq\_K}}\right\} \quad (4.29)$$

dove:

$$\sigma_{a\_lim\_1} = \frac{S_n}{1 + \frac{S_n}{S_u \cdot R^*}} = \frac{324}{1 + \frac{324}{800 \cdot 0,81}} = 216\text{MPa} \quad (4.30)$$

$$\sigma_{a\_lim\_2} = \frac{S_y}{1 + \frac{1}{R^*}} = \frac{550}{1 + \frac{1}{0,81}} = 246\text{MPa} \quad (4.31)$$

Il coefficiente di sicurezza risulta perciò pari a:

$$CS = \min\left\{\frac{216}{118}; \frac{246}{118}\right\} = \min\{1,83; 2,08\} = 1,83 \quad (4.32)$$

4.3 Esercizio 3

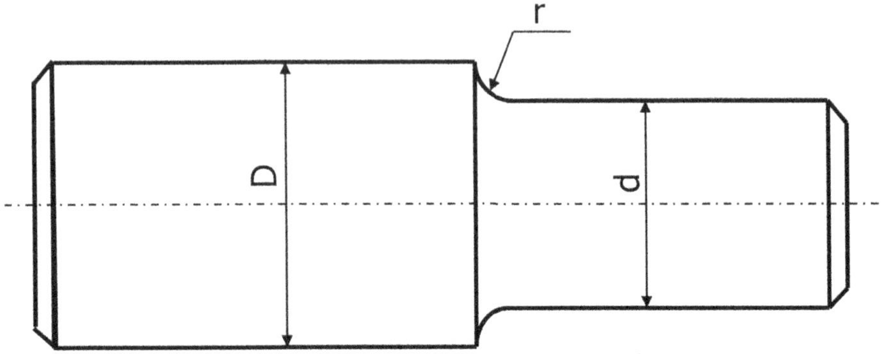

Figura 4.15: Porzione di albero

La porzione di albero riportata in Fig. 4.15 di dimensioni $\boldsymbol{D=40mm}$, $\boldsymbol{d=35mm}$ e $\boldsymbol{r=1mm}$ è soggetta ad un momento torcente $\boldsymbol{M_t=200 \pm 400Nm}$. Determinare il coefficiente di sicurezza nei confronti di una rottura per fatica a $\boldsymbol{10^6}$ cicli nel caso si utilizzi un ***acciaio lavorato alla macchina utensile*** con $\boldsymbol{S_u=800MPa}$ e $\boldsymbol{S_y=600MPa}$.

Soluzione

La porzione di albero riportata in Fig. 4.15 presenta una variazione di forma (spallamento) che provoca la riduzione del limite di fatica del materiale portandolo da $\boldsymbol{S_n}$ ad $\boldsymbol{S_{nk}}$. Il loro rapporto, definito fattore di concentrazione delle tensioni a fatica, risulta ricavabile sperimentalmente o, per un numero di cicli $\boldsymbol{n=10^6}$, mediante la formula $\boldsymbol{K_f = 1 + q \cdot (K_t - 1)}$ in cui $\boldsymbol{q}$ è l'indice di sensibilità all'intaglio e $\boldsymbol{K_t}$ è il fattore di concentrazione teorico delle tensioni. Poiché la conoscenza di $\boldsymbol{K_f}$ risulta indispensabile per il progetto o per la verifica dell'albero e dal momento che non si possiedono dati sperimentali sul materiale, si deve ricorrere alla precedente formula e, dunque, ricavare $\boldsymbol{K_t}$ e $\boldsymbol{q}$ per poi ottenere $\boldsymbol{K_f}$. Il fattore $\boldsymbol{K_t}$ risulta indipendente dal materiale ed è ricavabile da formule matematiche, o dai loro grafici, in funzione di due rapporti adimensionali ($\frac{D}{d}$ e $\frac{r}{d}$ che tengono conto della forma dell'intaglio) e del tipo di sollecitazione (momento flettente $\boldsymbol{K_{tf}}$, momento torcente $\boldsymbol{K_{tt}}$ o sforzo normale $\boldsymbol{K_{tn}}$). Il coefficiente $\boldsymbol{q}$ si ricava, invece, da un grafico in funzione del raggio di raccordo $\boldsymbol{r}$ e dalla resistenza del materiale con curve differenti per sollecitazioni di tipo $\boldsymbol{\sigma}$ e di tipo $\boldsymbol{\tau}$. Secondo quanto proposto da numerosi autori si preferisce utilizzare $\boldsymbol{K_f}$ come fattore di moltiplicazione delle tensioni teoriche ideali piuttosto che come fattore di riduzione della resistenza a fatica del materiale. Infatti lo scopo finale è quello di calcolare il coefficiente di sicurezza rispetto alla rottura per fatica, durante l'esercizio, di un componente nel quale lo stato tensionale viene amplificato, per effetto della presenza dell'intaglio. Pertanto, come prima cosa occorre calcolare i rapporti $\frac{\boldsymbol{D}}{\boldsymbol{d}}$ e $\frac{\boldsymbol{r}}{\boldsymbol{d}}$ necessari per la determinazione dei fattori $\boldsymbol{K_t}$. Poiché è presente solo una sollecitazione torsionale si dovrà determinare solo il $\boldsymbol{K_{tt}}$. Per la geometria dell'albero si ha:

$$\begin{aligned} \frac{D}{d} &= \frac{40}{35} = 1,14 \\ \frac{r}{d} &= \frac{1}{35} = 0,03 \end{aligned} \tag{4.33}$$

Con questi due valori si determina il coefficiente di forma $\boldsymbol{K_{tt}}$ dal grafico di Fig. 4.16 per il quale risulta:

$$K_{tt} = 1,64 \tag{4.34}$$

$$\tag{4.35}$$

Mentre dal grafico di Fig. 4.17 si ricavano i seguenti valori degli indici di sensibilità all'intaglio.

$$\begin{aligned} q_\sigma &= 0,77 \\ q_\tau &= 0,79 \end{aligned} \tag{4.36}$$

Si può quindi calcolare il fattore di concentrazione delle tensioni che vale:

$$K_{ft} = 1 + q_\tau \cdot (K_{tt} - 1) = 1 + 0,79 \cdot (1,64 - 1) = 1,51 \tag{4.37}$$

Si procede ora con il calcolo delle tensioni nominali agenti sull'albero. Essendo la sezione in esame circolare, su di essa agiranno delle tensioni tangenziali dovute alla torsione date da $\boldsymbol{\tau_{Mt}} = \frac{\boldsymbol{M_t}}{\boldsymbol{W_t}} = \frac{\boldsymbol{16 \cdot M_t}}{\boldsymbol{\pi \cdot d^3}}$.

Indicando con il pedice $\boldsymbol{m}$ le tensioni dovute alle componenti medie della sollecitazione e con il pedice $\boldsymbol{a}$ quelle dovute alle componenti alternate, si ottengono le seguenti tensioni nominali (pedice $\boldsymbol{n}$):

$$\begin{aligned} \tau_{m\_t\_n} &= \frac{M_{t\_m}}{W_t} = \frac{16 \cdot 200.000}{\pi \cdot 35^3} = 24\text{MPa} \\ \tau_{a\_t\_n} &= \frac{M_{t\_a}}{W_t} = \frac{16 \cdot 400.000}{\pi \cdot 35^3} = 48\text{MPa} \end{aligned} \tag{4.38}$$

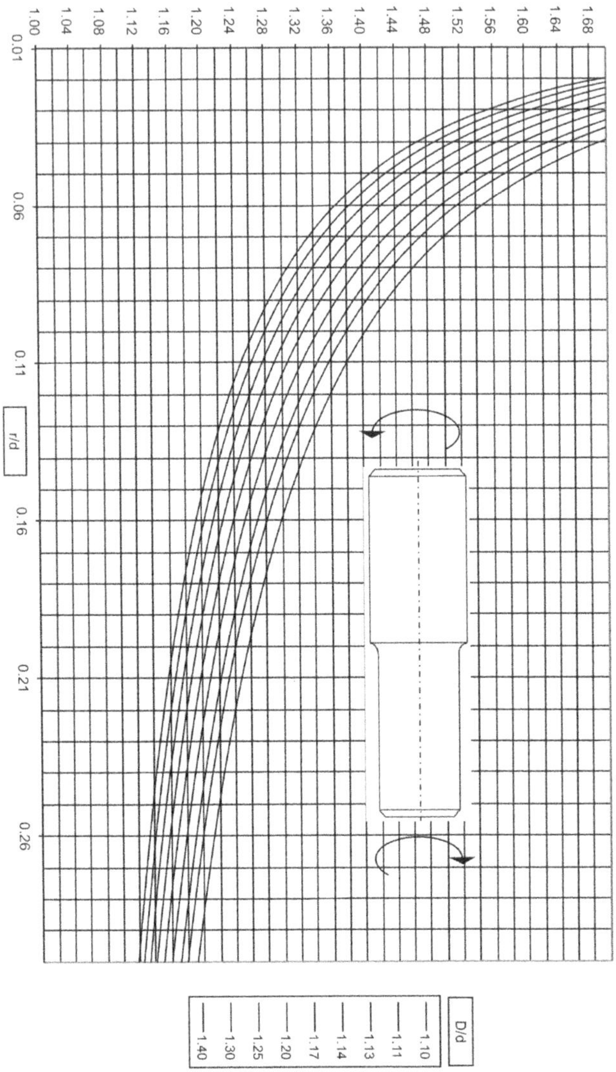

Figura 4.16: Grafico del $\boldsymbol{K_{tt}}$

Note le tensioni nominali si determinano quelle reali (pedice $\boldsymbol{K}$) tenendo conto del coefficiente $\boldsymbol{K_{ft}}$ precedentemente calcolato:

$$\begin{aligned} \tau_{m\_t\_K} &= \tau_{m\_n} \cdot K_{ft} = 24 \cdot 1,51 = 36\text{MPa} \\ \tau_{a\_t\_K} &= \tau_{a\_n} \cdot K_{ft} = 48 \cdot 1,51 = 72\text{MPa} \end{aligned} \tag{4.39}$$

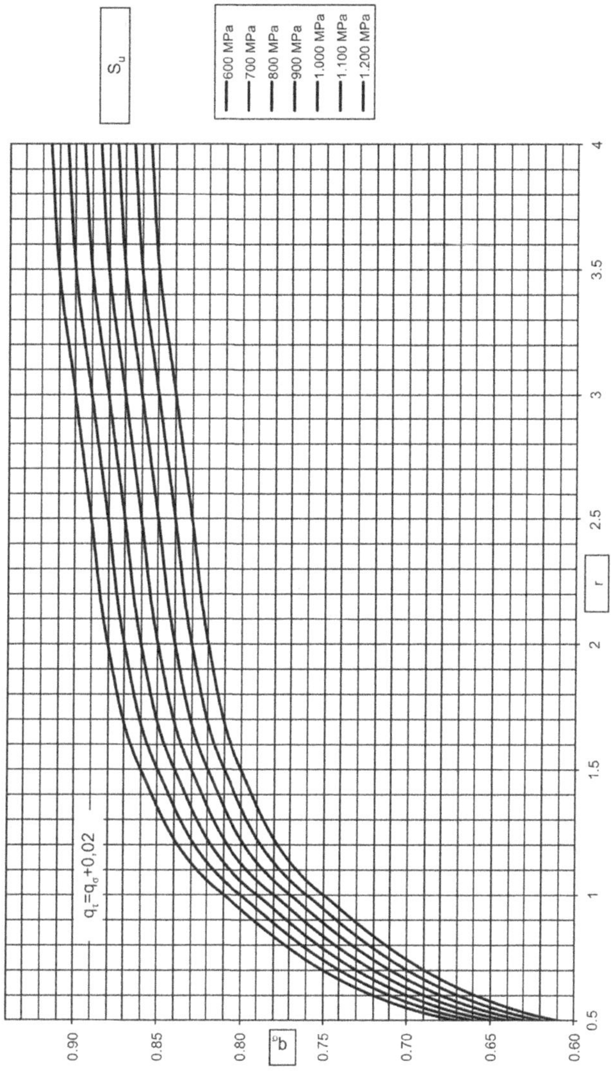

Figura 4.17: Grafico del $\boldsymbol{q}$

A questo punto si può procedere con la costruzione del diagramma di ***Haigh*** (Fig. 4.18) per tensioni tangenziali e per $\boldsymbol{10^6}$ cicli nel quale si disegnano le due rette limite e la retta di funzionamento e se ne calcolano le intersezioni in modo da determinare il coefficiente di sicurezza della condizione di funzionamento considerata. Nel diagramma di ***Haigh*** di Fig. 4.18 il pedice $\boldsymbol{f}$ di $\boldsymbol{\tau_{m\_f\_K}}$ e di $\boldsymbol{\tau_{a\_f\_K}}$ sta ad indicare, appunto, la tensione ***di funzionamento*** che, nel caso in esame, coincide con quella calcolata nella 4.39 ($\tau_{m\_f\_K} = \tau_{m\_t\_K}$, $\tau_{a\_f\_K} = \tau_{a\_t\_K}$).

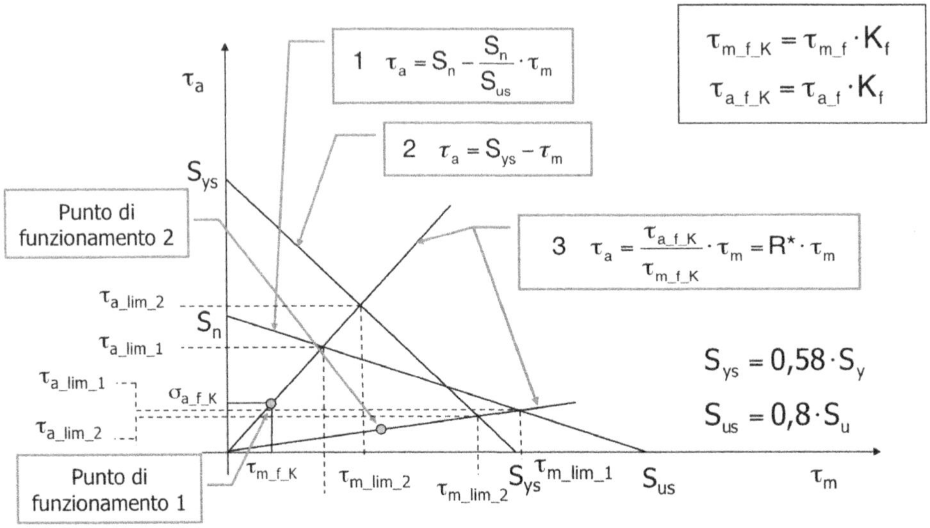

Figura 4.18: Diagramma di Haigh per tensioni tangenziali

Per costruire il diagramma di ***Haigh*** si determina il limite di fatica a $\boldsymbol{10^6}$ cicli per il materiale in esame. Tale limite indicato con $\boldsymbol{S_{10^6}}$ o più semplicemente $\boldsymbol{S_n}$ vale:

$$S_n = S'_n \cdot C_L \cdot C_G \cdot C_S \tag{4.40}$$

dove $\boldsymbol{S'_n}$ è il limite a fatica a $\boldsymbol{10^6}$ cicli del provino liscio, lucidato a specchio e di **10mm** di diametro (se non si possiedono i dati sperimentali sul materiale si può assumere $\boldsymbol{S'_n = 0,5 \cdot S_u}$), $\boldsymbol{C_L}$ è il fattore di carico (secondo la tabella di Fig. 4.19), $\boldsymbol{C_G}$ il fattore del gradiente di tensione (sempre secondo la tabella di Fig. 4.19), $\boldsymbol{C_S}$ il fattore di finitura superficiale (secondo il grafico di Fig. 4.20).

Per la porzione di albero considerata di dimensioni $\boldsymbol{D=40mm}$, $\boldsymbol{d=35mm}$ realizzato in ***acciaio lavorato alla macchina utensile*** con $\boldsymbol{S_u=800MPa}$ e $\boldsymbol{S_y=600MPa}$ si ottiene:

$$S_n = 0,5 \cdot S_u \cdot C_L \cdot C_G \cdot C_S = 0,5 \cdot 800 \cdot 0,58 \cdot 0,9 \cdot 0,74 = 154\text{MPa} \tag{4.41}$$

	Flessione	Trazione	Torsione
C_L (fattore di carico)	1	1	0,58
C_G (fattore per il gradiente di tensione)			
diametro: d < 10mm	1	da 0,7 a 0,9	1
diametro: 10mm < d < 50mm	0,9	da 0,7 a 0,9	0,9

[1] Per materiali che non mostrino un limite di fatica, applicare i fattori alla resistenza per 10^8 o per $5x10^8$ cicli.
[2] Se 50mm<d<100mm ridurre questi fattori di circa 0,1. Se 100mm<d<150mm ridurre questi fattori di circa 0,2.
[3] Usualmente non vengono applicate correzioni per il gradiente di tensione o per lo stato superficiale, ma i valori sperimentali di S_U o di S_{US} dovrebbero riferirsi a dimensioni abbastanza prossime a quelle in esame.
[4] S_{US}=0,8 S_U per gli acciai, S_{US}=0,7 S_U per gli altri materiali.

Figura 4.19: Coefficienti C_L e C_G

L'equazione della retta 1, della retta 2 e del della retta 3 riportate nel diagramma di Fig. 4.18 sono le seguenti:

$$\begin{aligned} &\text{retta 1} && \tau_a = S_n - \frac{S_n}{S_{us}} \cdot \tau_m \\ &\text{retta 2} && \tau_a = S_{ys} - \tau_m \\ &\text{retta 3} && \tau_a = R^* \cdot \tau_m \end{aligned} \tag{4.42}$$

Il rapporto tra le sollecitazioni $\boldsymbol{R^*}$ è pari a:

$$R^* = \frac{\tau_{a\_f\_K}}{\tau_{m\_f\_K}} = \frac{\tau_{a\_t\_K}}{\tau_{m\_t\_K}} = \frac{72}{36} = 2 \tag{4.43}$$

mentre $\boldsymbol{S_{us}=0,8\cdot S_u=0,8\cdot 800=640MPa}$ e $\boldsymbol{S_{ys}=0,58\cdot S_y=0,58\cdot 600=}$ $\boldsymbol{=348MPa}$.

Si può quindi costruire il diagramma di ***Haigh*** di Fig. 4.18 e calcolare il coefficiente di sicurezza supponendo che il componente giunga a rottura mantenendo costante $\boldsymbol{R^*}$ e che dunque i limiti di funzionamento si trovino nelle intersezioni tra ***la retta 1 e la retta 3*** o tra ***la retta 2 e la retta 3***; naturalmente si sceglierà il punto con i valori limite più bassi.

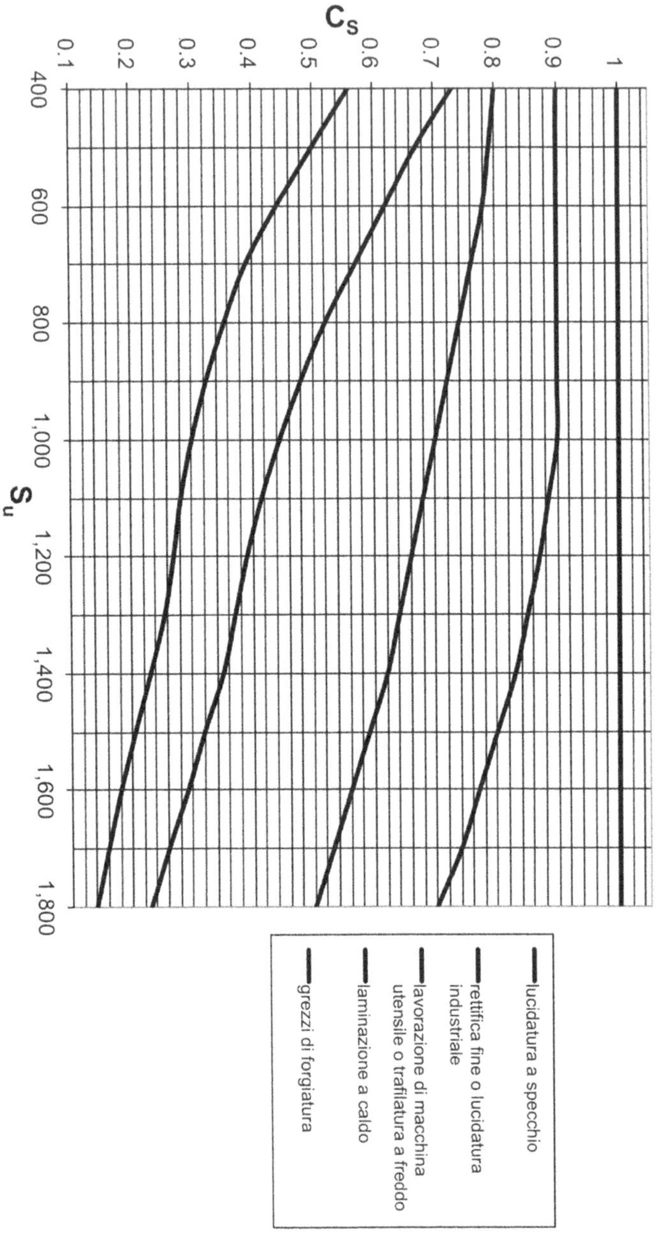

Figura 4.20: Grafico del coefficiente C_S

Il coefficiente di sicurezza sarà dato, dunque, da:

$$CS = \min\left\{\frac{\tau_{a\_lim\_1}}{\tau_{a\_t\_K}}; \frac{\tau_{a\_lim\_2}}{\tau_{a\_t\_K}}\right\} \tag{4.44}$$

dove:

$$\tau_{a\_lim\_1} = \frac{S_n}{1+\frac{S_n}{S_{us}\cdot R^*}} = \frac{154}{1+\frac{154}{640\cdot 2}} = 137\text{MPa} \tag{4.45}$$

$$\tau_{a\_lim\_2} = \frac{S_{ys}}{1+\frac{1}{R^*}} = \frac{348}{1+\frac{1}{2}} = 232\text{MPa} \tag{4.46}$$

Il coefficiente di sicurezza risulta perciò pari a:

$$CS = \min\left\{\frac{137}{72}; \frac{232}{72}\right\} = \min\{1,90; 3,22\} = 1,90 \tag{4.47}$$

In alternativa si possono trasformare le tensioni tangenziali in tensioni normali equivalenti ottenendo una tensione media equivalente ($\boldsymbol{\sigma_{m\_eq\_K}}$) ed una tensione alterna equivalente ($\boldsymbol{\sigma_{a\_eq\_K}}$) che rappresentano la condizione di sollecitazione reale del materiale. Questo procedimento viene normalmente eseguito ogni volta che in un punto della sezione di un componente agisce una combinazione di sollecitazioni (flessione, trazione, torsione e taglio) ed ha lo scopo di ridurre lo stato tensionale pluriassiale ad uno equivalente monoassiale per il quale sono note le caratteristiche di resistenza del materiale. Nel caso di presenza di sola tensione tangenziale non sarebbe necessario ricondursi ad una tensione assiale poiché sono già noti i limiti del materiale precedentemente definiti. Ad ogni modo la tensione tangenziale può essere, comunque, resa equivalente ad una tensione assiale che verrà, poi, confrontata con i limiti ad essa corrispondenti. Si determina pertanto la tensione media equivalente utilizzando il criterio della tensione massima principale:

$$\sigma_{m\_eq\_K} = \frac{\sigma_{m\_f\_K}}{2} + \sqrt{\left(\frac{\sigma_{m\_f\_K}}{2}\right)^2 + \tau_{m\_t\_K}^2} = \sqrt{36^2} = 36\text{MPa} \tag{4.48}$$

e la tensione alternata equivalente utilizzando il criterio di Von Mises:

$$\sigma_{a\_eq\_K} = \sqrt{\sigma_{a\_f\_K}^2 + 3\cdot\tau_{a\_t\_K}^2} = \sqrt{3\cdot 72^2} = 125\text{MPa} \tag{4.49}$$

Il passo successivo è la costruzione del diagramma di ***Haigh*** (Fig. 4.21) per 10^6 cicli nel quale si disegnano le due rette limite e la retta di funzionamento e se ne calcolano le intersezioni in modo da determinare il coefficiente di sicurezza della condizione di funzionamento considerata. Nel diagramma di ***Haigh*** di Fig. 4.21 il pedice $\boldsymbol{f}$ di $\boldsymbol{\sigma_{m\_f\_K}}$ e di $\boldsymbol{\sigma_{a\_f\_K}}$ sta ad indicare, appunto, la tensione ***di funzionamento*** che, nel caso in esame, coincide con quella equivalente ($\boldsymbol{\sigma_{m\_f\_K} = \sigma_{m\_eq\_K}}$, $\boldsymbol{\sigma_{a\_f\_K} = \sigma_{a\_eq\_K}}$).

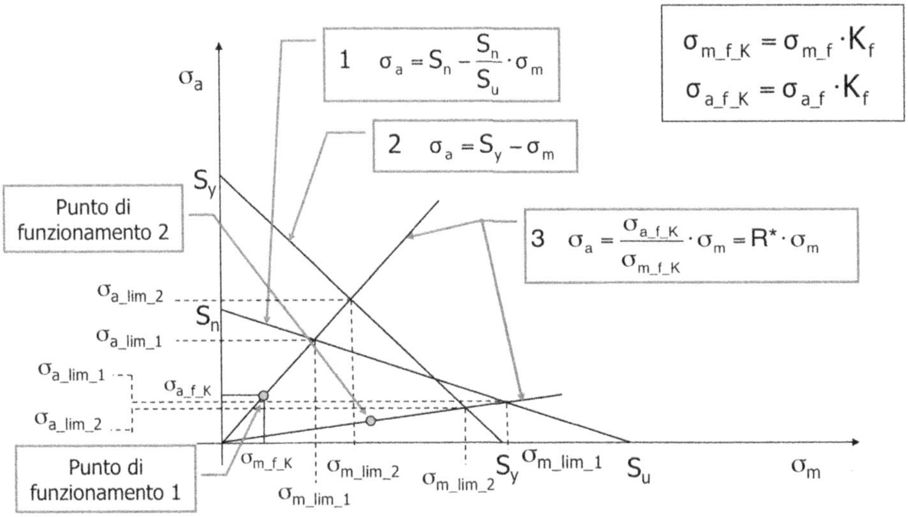

Figura 4.21: Diagramma di Haigh

Per costruire il diagramma di ***Haigh*** si determina il limite di fatica a ***10⁶*** cicli per il materiale in esame. Tale limite indicato con $\boldsymbol{S_{10^6}}$ o più semplicemente $\boldsymbol{S_n}$ vale:

$$S_n = S'_n \cdot C_L \cdot C_G \cdot C_S \tag{4.50}$$

dove $\boldsymbol{S'_n}$ è il limite a fatica a $\boldsymbol{10^6}$ cicli del provino liscio, lucidato a specchio e di **10mm** di diametro (se non si possiedono i dati sperimentali sul materiale si può assumere $\boldsymbol{S'_n = 0,5 \cdot S_u}$), $\boldsymbol{C_L}$ è il fattore di carico (secondo la tabella di Fig. 4.19), $\boldsymbol{C_G}$ il fattore del gradiente di tensione (sempre secondo la tabella di Fig. 4.19), $\boldsymbol{C_S}$ il fattore di finitura superficiale (secondo il grafico di Fig. 4.20).

Per la porzione di albero considerata di dimensioni ***D=40mm***, ***d=35mm*** realizzato in ***acciaio lavorato alla macchina utensile*** con $\boldsymbol{S_y}$***=800MPa*** e $\boldsymbol{S_y}$***=600MPa*** si ottiene:

$$S_n = 0,5 \cdot S_u \cdot C_L \cdot C_G \cdot C_S = 0,5 \cdot 800 \cdot 1 \cdot 0,9 \cdot 0,74 = 266\text{MPa} \tag{4.51}$$

L'equazione della retta 1, della retta 2 e del della retta 3 riportate nel diagramma di Fig. 4.21 sono le seguenti:

$$\begin{aligned} &\text{retta 1} \qquad && \sigma_a = S_n - \frac{S_n}{S_u} \cdot \sigma_m \\ &\text{retta 2} \qquad && \sigma_a = S_y - \sigma_m \\ &\text{retta 3} \qquad && \sigma_a = R^* \cdot \sigma_m \end{aligned} \tag{4.52}$$

Il rapporto tra le sollecitazioni $\boldsymbol{R^*}$ è pari a:

$$R^* = \frac{\sigma_{a\_f\_K}}{\sigma_{m\_f\_K}} = \frac{\sigma_{a\_eq\_K}}{\sigma_{m\_eq\_K}} = \frac{125}{36} = 3,47 \tag{4.53}$$

Si può quindi costruire il diagramma di ***Haigh*** di Fig. 4.21 e calcolare il coefficiente di sicurezza supponendo che il componente giunga a rottura mantenendo costante $\boldsymbol{R^*}$ e che dunque i limiti di funzionamento si trovino nelle intersezioni tra ***la retta 1 e la retta 3*** o tra ***la retta 2 e la retta 3***; naturalmente si sceglierà il punto con i valori limite più bassi. Il coefficiente di sicurezza sarà dato, dunque, da:

$$CS = \min\left\{\frac{\sigma_{a\_lim\_1}}{\sigma_{a\_eq\_K}}; \frac{\sigma_{a\_lim\_2}}{\sigma_{a\_eq\_K}}\right\} \tag{4.54}$$

dove:

$$\sigma_{a\_lim\_1} = \frac{S_n}{1 + \frac{S_n}{S_u \cdot R^*}} = \frac{266}{1 + \frac{266}{800 \cdot 3,47}} = 243\text{MPa} \tag{4.55}$$

$$\sigma_{a\_lim\_2} = \frac{S_y}{1 + \frac{1}{R^*}} = \frac{600}{1 + \frac{1}{3,47}} = 466\text{MPa} \tag{4.56}$$

Il coefficiente di sicurezza risulta perciò pari a:

$$CS = \min\left\{\frac{243}{125}; \frac{466}{125}\right\} = \min\{1,94; 3,73\} = 1,94 \tag{4.57}$$

Il coefficiente di sicurezza così calcolato è di poco superiore a quello calcolato precedentemente utilizzando i limiti a tensione tangenziale del materiale tramite l'Eq. 4.47 di Pag. 139. L'errore percentuale è molto contenuto e pari a:

$$\epsilon\% = \frac{1,94 - 1,9}{1,9} = 2\% \tag{4.58}$$

4.4 Esercizio 4

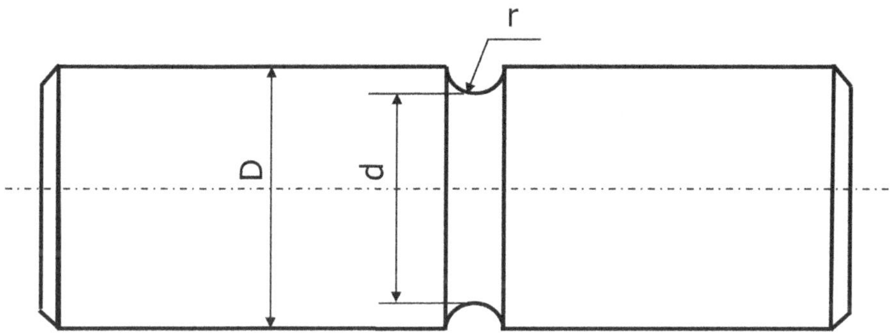

Figura 4.22: Porzione di albero

La porzione di albero riportata in Fig. 4.22 di dimensioni $\boldsymbol{D=40mm}$, $\boldsymbol{d=30mm}$ e $\boldsymbol{r=1,5mm}$ è soggetta ad un momento flettente $\boldsymbol{M_f=170 \pm 60Nm}$ e ad uno sforzo normale $\boldsymbol{N=-10 \pm 5kN}$. Determinare il coefficiente di sicurezza nei confronti di una rottura per fatica a $\boldsymbol{10^6}$ cicli nel caso si utilizzi un ***acciaio rettificato finemente*** con $\boldsymbol{S_u=900MPa}$ e $\boldsymbol{S_y=600MPa}$.

Soluzione

La porzione di albero riportata in Fig. 4.22 presenta una variazione di forma (gola) che provoca la riduzione del limite di fatica del materiale portandolo da $\boldsymbol{S_n}$ ad $\boldsymbol{S_{nk}}$. Il loro rapporto, definito fattore di concentrazione delle tensioni a fatica, risulta ricavabile sperimentalmente o, per un numero di cicli $\boldsymbol{n=10^6}$, mediante la formula $\boldsymbol{K_f = 1 + q \cdot (K_t - 1)}$ in cui $\boldsymbol{q}$ è l'indice di sensibilità all'intaglio e $\boldsymbol{K_t}$ è il fattore di concentrazione teorico delle tensioni. Poiché la conoscenza di $\boldsymbol{K_f}$ risulta indispensabile per il progetto o per la verifica dell'albero e dal momento che non si possiedono dati sperimentali sul materiale, si deve ricorrere alla precedente formula e, dunque, ricavare $\boldsymbol{K_t}$ e $\boldsymbol{q}$ per poi ottenere $\boldsymbol{K_f}$. Il fattore $\boldsymbol{K_t}$ risulta indipendente dal materiale ed è ricavabile da formule matematiche, o dai loro grafici, in funzione di due rapporti adimensionali ($\frac{D}{d}$ e $\frac{r}{d}$ che tengono conto della forma dell'intaglio) e del tipo di sollecitazione (momento flettente $\boldsymbol{K_{tf}}$, momento torcente $\boldsymbol{K_{tt}}$ o sforzo normale $\boldsymbol{K_{tn}}$).

Il coefficiente $\boldsymbol{q}$ si ricava, invece, da un grafico in funzione del raggio di raccordo $\boldsymbol{r}$ e dalla resistenza del materiale con curve differenti per sollecitazioni di tipo $\boldsymbol{\sigma}$ e di tipo $\boldsymbol{\tau}$. Secondo quanto proposto da numerosi autori si preferisce utilizzare $\boldsymbol{K_f}$ come fattore di moltiplicazione delle tensioni teoriche ideali piuttosto che come fattore di riduzione della resistenza a fatica del materiale. Infatti lo scopo finale è quello di calcolare il coefficiente di sicurezza rispetto alla rottura per fatica, durante l'esercizio, di un componente nel quale lo stato tensionale viene amplificato, per effetto della presenza dell'intaglio. Pertanto, come prima cosa occorre calcolare i rapporti $\frac{\boldsymbol{D}}{\boldsymbol{d}}$ e $\frac{\boldsymbol{r}}{\boldsymbol{d}}$ necessari per la determinazione dei fattori $\boldsymbol{K_t}$. Poiché sono presenti sollecitazioni sia flessionali sia assiali si dovranno determinare sia $\boldsymbol{K_{tf}}$ sia $\boldsymbol{K_{tn}}$. Per la geometria dell'albero si ha:

$$\begin{aligned} \frac{D}{d} &= \frac{40}{30} = 1,33 \\ \frac{r}{d} &= \frac{1,5}{30} = 0,05 \end{aligned} \tag{4.59}$$

Con questi due valori si determinano i coefficienti di forma $\boldsymbol{K_{tn}}$ e $\boldsymbol{K_{tf}}$ dai grafici di Fig. 4.23 e di Fig. 4.24 per i quali risulta:

$$\begin{aligned} K_{tn} &= 3,16 \\ K_{tf} &= 2,80 \end{aligned} \tag{4.60}$$

Mentre dal grafico di Fig. 4.25 si ricavano i seguenti valori degli indici di sensibilità all'intaglio.

$$\begin{aligned} q_\sigma &= 0,83 \\ q_\tau &= 0,85 \end{aligned} \tag{4.61}$$

Si possono quindi calcolare i fattori di concentrazione delle tensioni che valgono:

$$\begin{aligned} K_{fn} &= 1 + q_\sigma \cdot (K_{tn} - 1) = 1 + 0,83 \cdot (3,16 - 1) = 2,79 \\ K_{ff} &= 1 + q_\sigma \cdot (K_{tf} - 1) = 1 + 0,83 \cdot (2,80 - 1) = 2,49 \end{aligned} \tag{4.62}$$

Si procede ora con il calcolo delle tensioni nominali agenti sull'albero. Essendo la sezione in esame circolare, su di essa agiranno delle tensioni normali dovute alla compressione date da $\boldsymbol{\sigma_N = -\frac{N}{A} = -\frac{4 \cdot N}{\pi \cdot d^2}}$ ed alla flessione pari a $\boldsymbol{\sigma_{Mf} = \pm\frac{M_f}{W_f} = \pm\frac{32 \cdot M_f}{\pi \cdot d^3}}$.

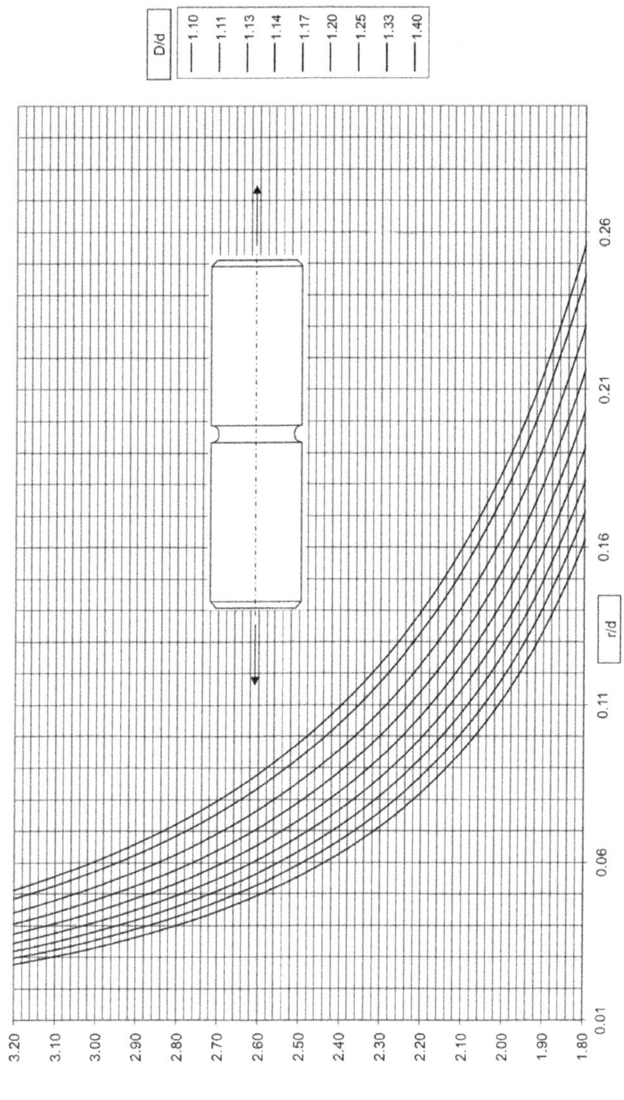

Figura 4.23: Grafico del $\boldsymbol{K_{tn}}$

Indicando con il pedice $\boldsymbol{m}$ le tensioni dovute alle componenti medie della sollecitazione e con il pedice $\boldsymbol{a}$ quelle dovute alle componenti alternate, si ottengono le seguenti tensioni nominali (pedice $\boldsymbol{n}$):

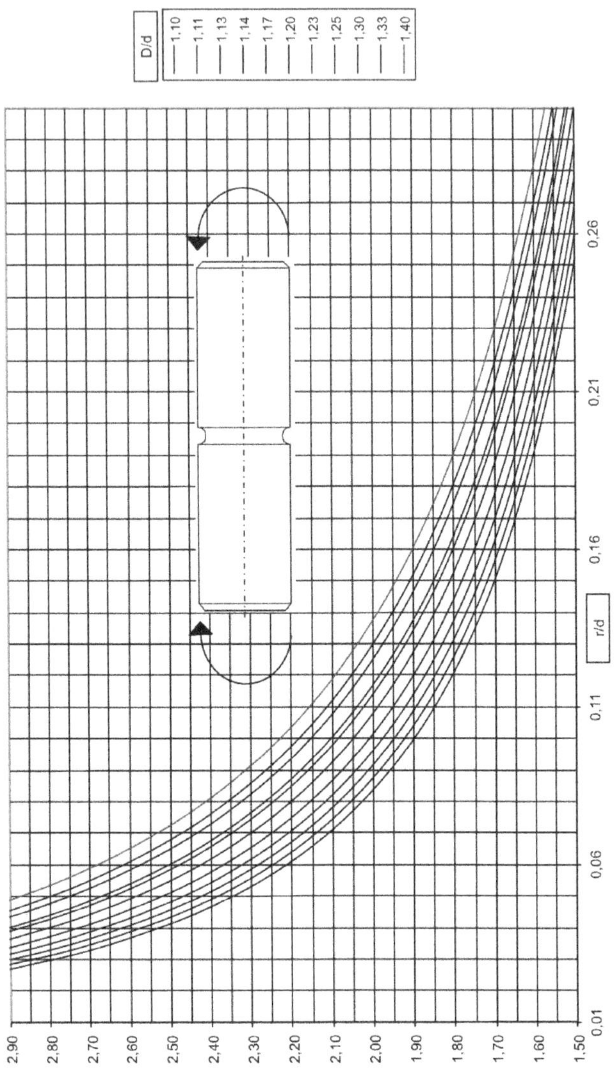

Figura 4.24: Grafico del $\boldsymbol{K_{tf}}$

$$
\begin{aligned}
\sigma_{m\_n\_n} &= -\frac{N_m}{A} = -\frac{4 \cdot 10.000}{\pi \cdot 30^2} = -14\text{MPa} \\
\sigma_{a\_n\_n} &= \frac{N_a}{A} = \frac{4 \cdot 5.000}{\pi \cdot 30^2} = 7\text{MPa} \\
\sigma_{m\_f\_n} &= \frac{M_{m\_f}}{W_f} = \frac{32 \cdot 170.000}{\pi \cdot 30^3} = 64\text{MPa} \\
\sigma_{a\_f\_n} &= \frac{M_{a\_f}}{W_f} = \frac{32 \cdot 60.000}{\pi \cdot 30^3} = 23\text{MPa}
\end{aligned}
\tag{4.63}
$$

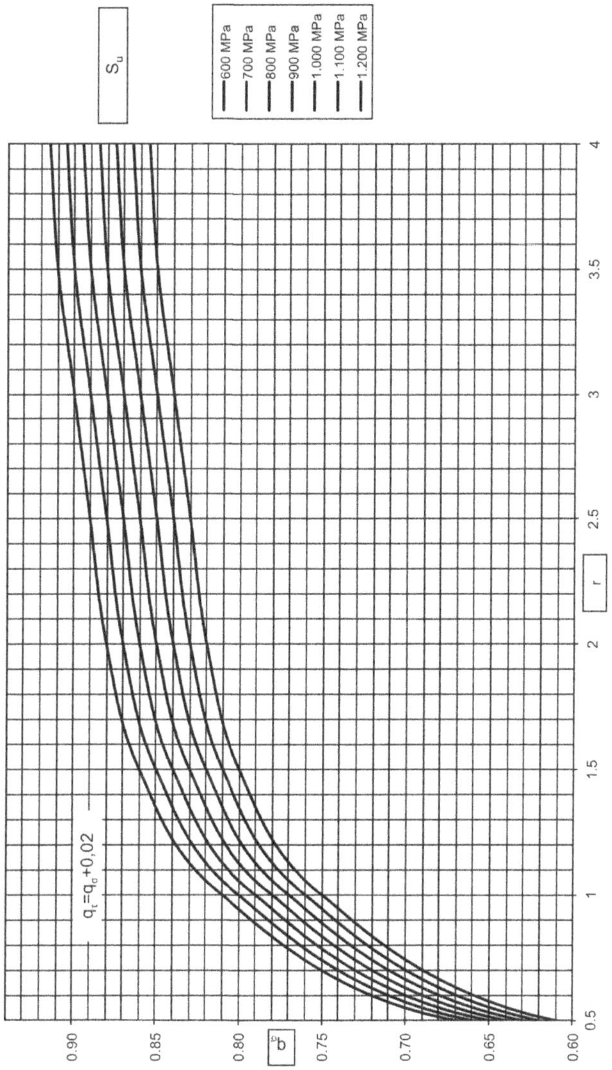

Figura 4.25: Grafico del $\boldsymbol{q}$

Note le tensioni nominali si determinano quelle reali (pedice $\boldsymbol{K}$) tenendo conto dei coefficienti $\boldsymbol{K_{fn}}$ e $\boldsymbol{K_{ff}}$ precedentemente calcolati:

$$\begin{aligned} \sigma_{m\_n\_K} &= \sigma_{m\_n\_n} \cdot K_{fn} = -14 \cdot 2,79 = -39\text{MPa} \\ \sigma_{a\_n\_K} &= \sigma_{a\_n\_n} \cdot K_{fn} = 7 \cdot 2,79 = 20\text{MPa} \\ \sigma_{m\_f\_K} &= \sigma_{m\_f\_n} \cdot K_{ff} = 64 \cdot 2,49 = 159\text{MPa} \\ \sigma_{a\_f\_K} &= \sigma_{a\_f\_n} \cdot K_{ff} = 23 \cdot 2,49 = 57\text{MPa} \end{aligned} \tag{4.64}$$

A questo punto occorre comporre opportunamente le tensioni appena calcolate in modo da ottenere una tensione media equivalente del componente reale ($\boldsymbol{\sigma_{m\_eq\_K}}$) ed una alterna equivalente del componente reale ($\boldsymbol{\sigma_{a\_eq\_K}}$) che rappresentano la condizione di sollecitazione equivalente del materiale. Questo procedimento, eseguito ogni volta che in un punto della sezione di un componente agisce una combinazione di sollecitazioni (flessione, trazione, torsione e taglio), ha lo scopo di ridurre lo stato tensionale pluriassiale ad uno equivalente monoassiale per il quale sono note le caratteristiche di resistenza del materiale. Si determina pertanto la tensione media equivalente utilizzando il criterio della tensione massima principale:

$$\begin{aligned} \sigma_{m\_eq\_K} &= \frac{\sigma_{m\_f\_K}}{2} + \sqrt{\left(\frac{\sigma_{m\_f\_K}}{2}\right)^2 + \tau_{m\_t\_K}^2} = \\ &= \frac{-39+159}{2} + \sqrt{\left(\frac{-39+159}{2}\right)^2 + 0^2} = 120\text{MPa} \end{aligned} \tag{4.65}$$

e la tensione alternata equivalente utilizzando il criterio di Von Mises:

$$\sigma_{a\_eq\_K} = \sqrt{\sigma_{a\_f\_K}^2 + 3 \cdot \tau_{a\_t\_K}^2} = \sqrt{(20+57)^2 + 3 \cdot 0^2} = 77\text{MPa} \tag{4.66}$$

Il passo successivo è la costruzione del diagramma di ***Haigh*** (Fig. 4.26) per 10^6 cicli nel quale si disegnano le due rette limite e la retta di funzionamento e se ne calcolano le intersezioni in modo da determinare il coefficiente di sicurezza della condizione di funzionamento considerata. Nel diagramma di ***Haigh*** di Fig. 4.26 il pedice $\boldsymbol{f}$ di $\boldsymbol{\sigma_{m\_f\_K}}$ e di $\boldsymbol{\sigma_{a\_f\_K}}$ sta ad indicare, appunto, la tensione ***di funzionamento*** che, nel caso in esame, coincide con quella equivalente ($\boldsymbol{\sigma_{m\_f\_K} = \sigma_{m\_eq\_K}}$, $\boldsymbol{\sigma_{a\_f\_K} = \sigma_{a\_eq\_K}}$).

Per costruire il diagramma di ***Haigh*** si determina il limite di fatica a 10^6 cicli per il materiale in esame. Tale limite indicato con $\boldsymbol{S_{10^6}}$ o più semplicemente $\boldsymbol{S_n}$ vale:

$$S_n = S_n' \cdot C_L \cdot C_G \cdot C_S \tag{4.67}$$

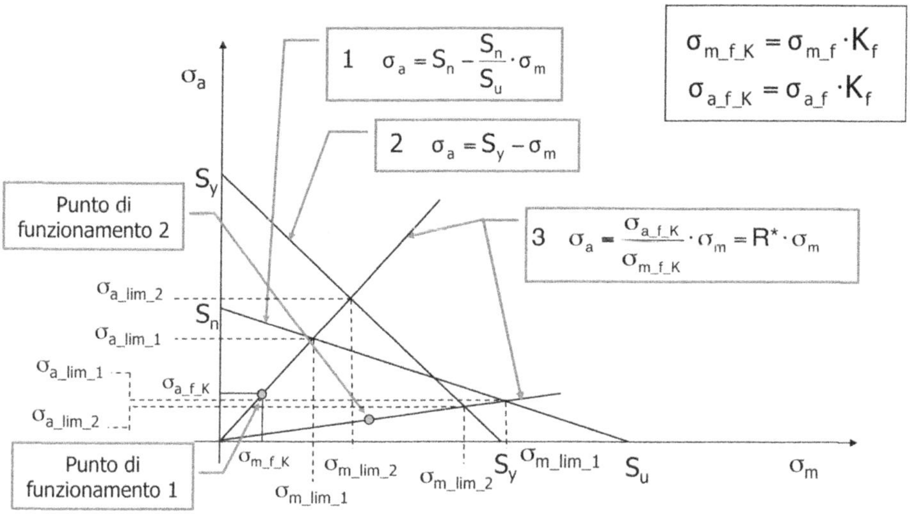

Figura 4.26: Diagramma di Haigh

	Flessione	Trazione	Torsione
C_L (fattore di carico)	1	1	0,58
C_G (fattore per il gradiente di tensione)			
diametro: d < 10mm	1	da 0,7 a 0,9	1
diametro: 10mm < d < 50mm	0,9	da 0,7 a 0,9	0,9

[1] Per materiali che non mostrino un limite di fatica, applicare i fattori alla resistenza per 10^8 o per $5x10^8$ cicli.
[2] Se 50mm<d<100mm ridurre questi fattori di circa 0,1. Se 100mm<d<150mm ridurre questi fattori di circa 0,2.
[3] Usualmente non vengono applicate correzioni per il gradiente di tensione o per lo stato superficiale, ma i valori sperimentali di S_U o di S_{US} dovrebbero riferirsi a dimensioni abbastanza prossime a quelle in esame.
[4] S_{US}=0,8 S_U per gli acciai, S_{US}=0,7 S_U per gli altri materiali.

Figura 4.27: Coefficienti C_L e C_G

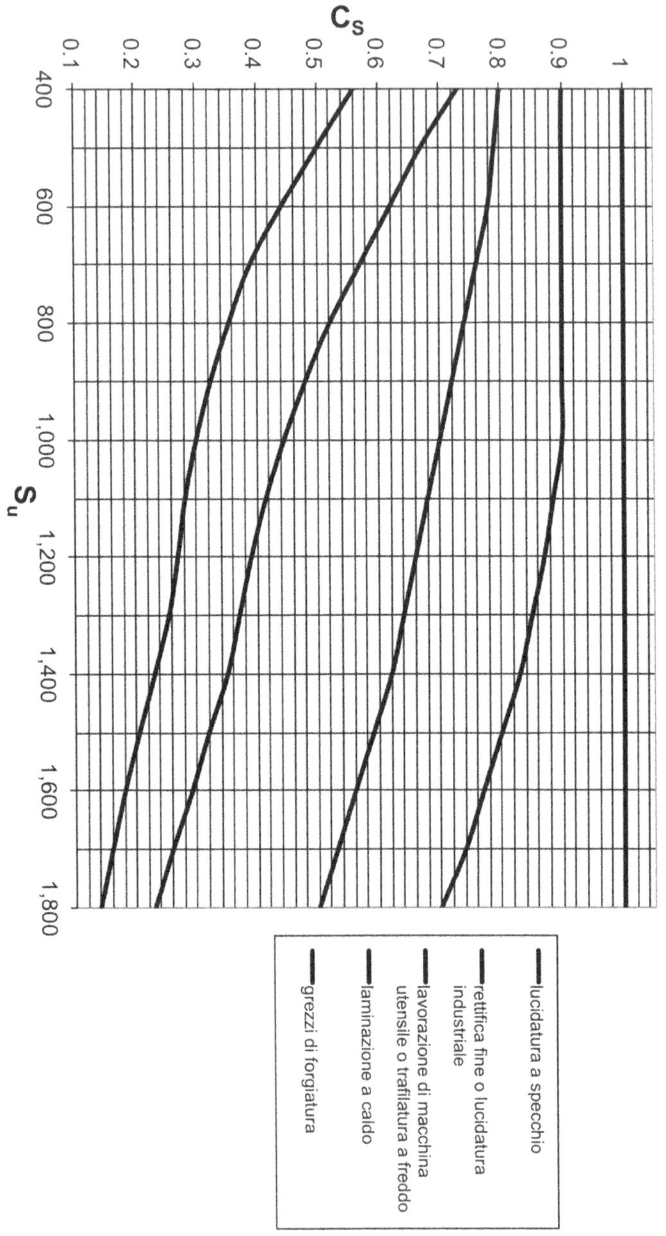

Figura 4.28: Grafico del coefficiente C_S

dove $\boldsymbol{S'_n}$ è il limite a fatica a 10^6 cicli del provino liscio, lucidato a specchio e di **10mm** di diametro (se non si possiedono i dati sperimentali sul materiale si può assumere $\boldsymbol{S'_n = 0,5 \cdot S_u}$), $\boldsymbol{C_L}$ è il fattore di carico (secondo la tabella di Fig. 4.27), $\boldsymbol{C_G}$ il fattore del gradiente di tensione (sempre secondo la tabella di Fig. 4.27), $\boldsymbol{C_S}$ il fattore di finitura superficiale (secondo il grafico di Fig. 4.28).

Per la porzione di albero considerata di dimensioni ***D=40mm***, ***d=35mm*** realizzato in ***acciaio rettificato finemente*** con $\boldsymbol{S_y = 900MPa}$ e $\boldsymbol{S_y = 600MPa}$ si ottiene:

$$S_n = 0,5 \cdot S_u \cdot C_L \cdot C_G \cdot C_S = 0,5 \cdot 900 \cdot 1 \cdot 0,9 \cdot 0,9 = 364\text{MPa} \tag{4.68}$$

L'equazione della retta 1, della retta 2 e del della retta 3 riportate nel diagramma di Fig. 4.26 sono le seguenti:

$$\begin{aligned} &\text{retta 1} && \sigma_a = S_n - \frac{S_n}{S_u} \cdot \sigma_m \\ &\text{retta 2} && \sigma_a = S_y - \sigma_m \\ &\text{retta 3} && \sigma_a = R^* \cdot \sigma_m \end{aligned} \tag{4.69}$$

Il rapporto tra le sollecitazioni $\boldsymbol{R^*}$ è pari a:

$$R^* = \frac{\sigma_{a\_f\_K}}{\sigma_{m\_f\_K}} = \frac{\sigma_{a\_eq\_K}}{\sigma_{m\_eq\_K}} = \frac{77}{120} = 0,64 \tag{4.70}$$

Si può quindi costruire il diagramma di ***Haigh*** di Fig. 4.26 e calcolare il coefficiente di sicurezza supponendo che il componente giunga a rottura mantenendo costante $\boldsymbol{R^*}$ e che dunque i limiti di funzionamento si trovino nelle intersezioni tra ***la retta 1 e la retta 3*** o tra ***la retta 2 e la retta 3***; naturalmente si sceglierà il punto con i valori limite più bassi. Il coefficiente di sicurezza sarà dato, dunque, da:

$$CS = \min\left\{\frac{\sigma_{a\_lim\_1}}{\sigma_{a\_eq\_K}}; \frac{\sigma_{a\_lim\_2}}{\sigma_{a\_eq\_K}}\right\} \tag{4.71}$$

dove:

$$\sigma_{a\_lim\_1} = \frac{S_n}{1 + \frac{S_n}{S_u \cdot R^*}} = \frac{364}{1 + \frac{364}{900 \cdot 0,64}} = 223\text{MPa} \tag{4.72}$$

$$\sigma_{a\_lim\_2} = \frac{S_y}{1 + \frac{1}{R^*}} = \frac{600}{1 + \frac{1}{0,64}} = 234\text{MPa} \tag{4.73}$$

Il coefficiente di sicurezza risulta perciò pari a:

$$CS = \min\left\{\frac{223}{77}; \frac{234}{77}\right\} = \min\{2,90; 3,04\} = 2,90 \tag{4.74}$$

4.5 Esercizio 5

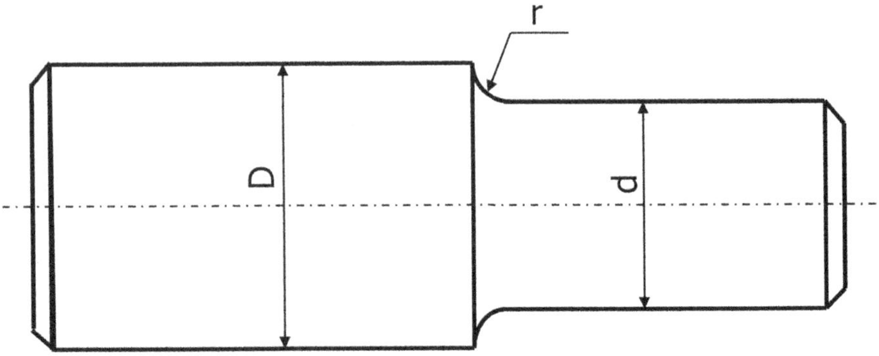

Figura 4.29: Porzione di albero

La porzione di albero riportata in Fig. 4.29 di dimensioni $\boldsymbol{D=44mm}$, $\boldsymbol{d=40mm}$ e $\boldsymbol{r=2{,}5mm}$ è soggetta ad un momento flettente alterno $\boldsymbol{M_f=\pm 600Nm}$ e ad un momento torcente alterno $\boldsymbol{M_t=\pm 500Nm}$. Determinare il coefficiente di sicurezza nei confronti di una rottura per fatica a $\boldsymbol{10^6}$ cicli nel caso si utilizzi un ***acciaio lavorato alla macchina utensile*** con $\boldsymbol{S_u=1.200MPa}$ e $\boldsymbol{S_y=900MPa}$.

Soluzione

La porzione di albero riportata in Fig. 4.29 presenta una variazione di forma (spallamento) che provoca la riduzione del limite di fatica del materiale portandolo da $\boldsymbol{S_n}$ ad $\boldsymbol{S_{nk}}$. Il loro rapporto, definito fattore di concentrazione delle tensioni a fatica, risulta ricavabile sperimentalmente o, per un numero di cicli $\boldsymbol{n=10^6}$, mediante la formula $\boldsymbol{K_f = 1 + q \cdot (K_t - 1)}$ in cui $\boldsymbol{q}$ è l'indice di sensibilità all'intaglio e $\boldsymbol{K_t}$ è il fattore di concentrazione teorico delle tensioni. Poiché la conoscenza di $\boldsymbol{K_f}$ risulta indispensabile per il progetto o per la verifica dell'albero e dal momento che non si possiedono dati sperimentali sul materiale, si deve ricorrere alla precedente formula e, dunque, ricavare $\boldsymbol{K_t}$ e $\boldsymbol{q}$ per poi ottenere $\boldsymbol{K_f}$. Il fattore $\boldsymbol{K_t}$ risulta indipendente dal materiale ed è ricavabile da formule matematiche, o dai loro grafici, in funzione di due rapporti adimensionali ($\frac{D}{d}$ e $\frac{r}{d}$ che tengono conto della forma dell'intaglio) e del tipo di sollecitazione (momento flettente $\boldsymbol{K_{tf}}$, momento torcente $\boldsymbol{K_{tt}}$ o sforzo normale $\boldsymbol{K_{tn}}$). Il coefficiente $\boldsymbol{q}$ si ricava, invece, da un grafico in funzione del raggio di raccordo $\boldsymbol{r}$ e dalla resistenza del materiale con curve differenti per sollecitazioni di tipo $\boldsymbol{\sigma}$ e di tipo $\boldsymbol{\tau}$. Secondo quanto proposto da numerosi autori si preferisce utilizzare $\boldsymbol{K_f}$ come fattore di moltiplicazione delle tensioni teoriche ideali piuttosto che come fattore di riduzione della resistenza a fatica del materiale. Infatti lo scopo finale è quello di calcolare il coefficiente di sicurezza rispetto alla rottura per fatica, durante l'esercizio, di un componente nel quale lo stato tensionale viene amplificato, per effetto della presenza dell'intaglio. Pertanto, come prima cosa occorre calcolare i rapporti $\frac{D}{d}$ e $\frac{r}{d}$ necessari per la determinazione dei fattori $\boldsymbol{K_t}$. Poiché sono presenti sollecitazioni sia flessionali sia torsionali si dovranno determinare sia $\boldsymbol{K_{tf}}$ sia $\boldsymbol{K_{tt}}$. Per la geometria dell'albero si ha:

$$\begin{aligned} \frac{D}{d} &= \frac{44}{40} = 1,1 \\ \frac{r}{d} &= \frac{2,5}{40} = 0,06 \end{aligned} \tag{4.75}$$

Con questi due valori si determinano i coefficienti di forma $\boldsymbol{K_{tf}}$ e $\boldsymbol{K_{tt}}$ dai grafici di Fig. 4.30 e di Fig. 4.31 per i quali risulta:

$$\begin{aligned} K_{tf} &= 1,72 \\ K_{tt} &= 1,37 \end{aligned} \tag{4.76}$$

Mentre dal grafico di Fig. 4.32 si ricavano i seguenti valori degli indici di sensibilità all'intaglio.

$$\begin{aligned} q_\sigma &= 0,89 \\ q_\tau &= 0,91 \end{aligned} \tag{4.77}$$

Si possono quindi calcolare i fattori di concentrazione delle tensioni che valgono:

$$\begin{aligned} K_{ff} &= 1 + q_\sigma \cdot (K_{tf} - 1) = 1 + 0,89 \cdot (1,72 - 1) = 1,64 \\ K_{ft} &= 1 + q_\tau \cdot (K_{tt} - 1) = 1 + 0,91 \cdot (1,37 - 1) = 1,34 \end{aligned} \tag{4.78}$$

Si procede ora con il calcolo delle tensioni nominali agenti sull'albero. Essendo la sezione in esame circolare, su di essa agiranno delle tensioni normali dovute alla flessione pari a $\boldsymbol{\sigma_{Mf}} = \pm\frac{\boldsymbol{M_f}}{\boldsymbol{W_f}} = \pm\frac{\boldsymbol{32 \cdot M_f}}{\pi \cdot \boldsymbol{d^3}}$ e delle tensioni tangenziali dovute alla torsione date da $\boldsymbol{\tau_{Mt}} = \pm\frac{\boldsymbol{M_t}}{\boldsymbol{W_t}} = \pm\frac{\boldsymbol{16 \cdot M_t}}{\pi \cdot \boldsymbol{d^3}}$.

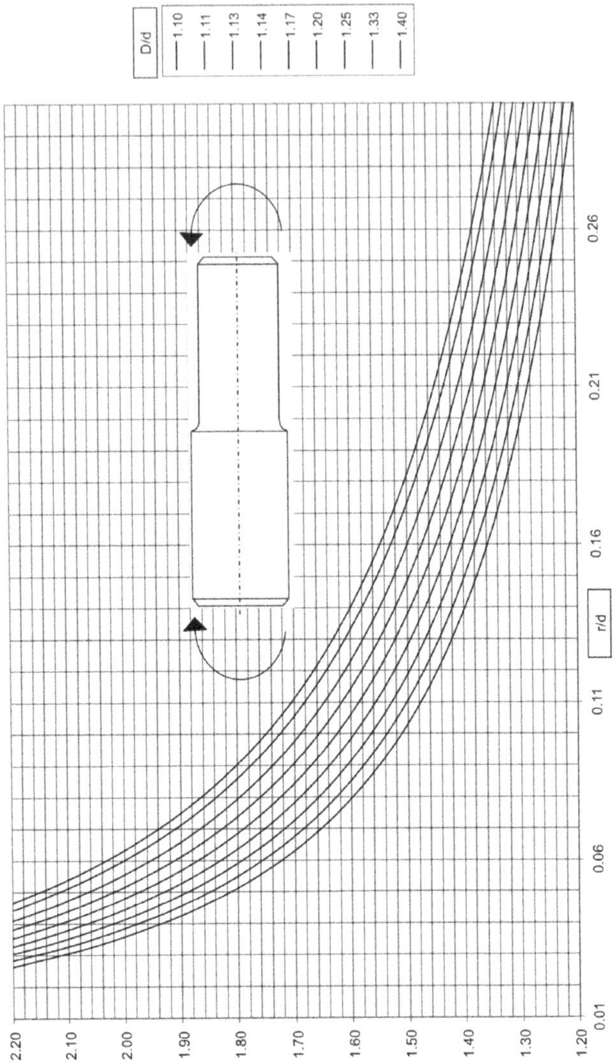

Figura 4.30: Grafico del $\boldsymbol{K_{tf}}$

Indicando con il pedice $\boldsymbol{m}$ le tensioni dovute alle componenti medie della sollecitazione e con il pedice $\boldsymbol{a}$ quelle dovute alle componenti alternate, si ottengono le seguenti tensioni nominali (pedice $\boldsymbol{n}$):

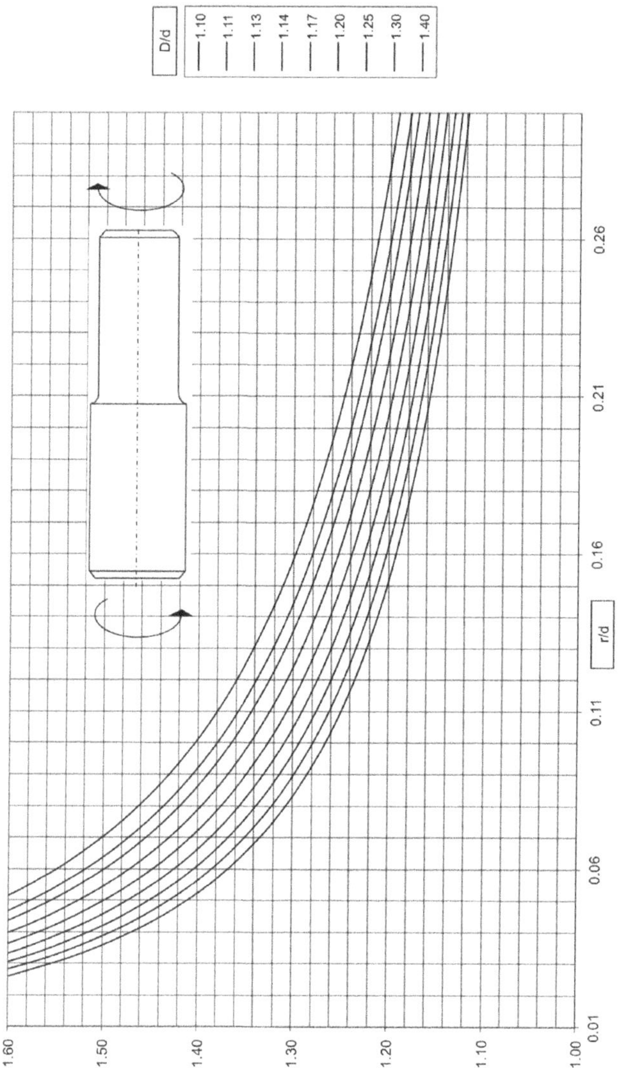

Figura 4.31: Grafico del $\boldsymbol{K_{tt}}$

$$
\begin{aligned}
\sigma_{m\_f\_n} &= \frac{M_{f\_m}}{W_f} = \frac{32 \cdot 0}{\pi \cdot 40^3} = 0\text{MPa} \\
\sigma_{a\_f\_n} &= \frac{M_{f\_a}}{W_f} = \frac{32 \cdot 600.000}{\pi \cdot 40^3} = 95\text{MPa} \\
\tau_{m\_t\_n} &= \frac{M_{t\_m}}{W_t} = \frac{16 \cdot 0}{\pi \cdot 40^3} = 0\text{MPa} \\
\tau_{a\_t\_n} &= \frac{M_{t\_a}}{W_t} = \frac{16 \cdot 500.000}{\pi \cdot 40^3} = 40\text{MPa}
\end{aligned}
\tag{4.79}
$$

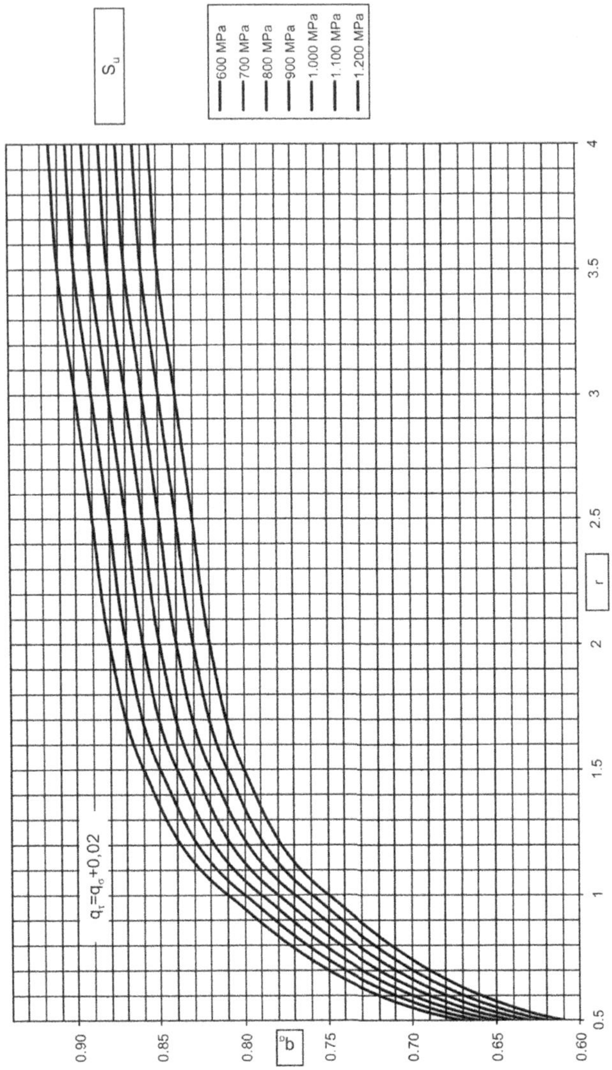

Figura 4.32: Grafico del $\boldsymbol{q}$

Note le tensioni nominali si determinano quelle reali (pedice $\boldsymbol{K}$) tenendo conto dei coefficienti $\boldsymbol{K_{ff}}$ e $\boldsymbol{K_{ft}}$ precedentemente calcolati:

$$\begin{aligned} \sigma_{m\_f\_K} &= \sigma_{m\_f\_n} \cdot K_{ff} = 0 \cdot 1,64 = 0\text{MPa} \\ \sigma_{a\_f\_K} &= \sigma_{a\_f\_n} \cdot K_{ff} = 95 \cdot 1,64 = 156\text{MPa} \\ \tau_{m\_t\_K} &= \tau_{m\_n} \cdot K_{ft} = 0 \cdot 1,34 = 0\text{MPa} \\ \tau_{a\_t\_K} &= \tau_{a\_n} \cdot K_{ft} = 40 \cdot 1,34 = 54\text{MPa} \end{aligned} \tag{4.80}$$

A questo punto occorre comporre opportunamente le tensioni appena calcolate in modo da ottenere una tensione media equivalente del componente reale ($\boldsymbol{\sigma_{m\_eq\_K}}$) ed una alterna equivalente del componente reale ($\boldsymbol{\sigma_{a\_eq\_K}}$) che rappresentano la condizione di sollecitazione equivalente del materiale. Questo procedimento, eseguito ogni volta che in un punto della sezione di un componente agisce una combinazione di sollecitazioni (flessione, trazione, torsione e taglio), ha lo scopo di ridurre lo stato tensionale pluriassiale ad uno equivalente monoassiale per il quale sono note le caratteristiche di resistenza del materiale. Si determina pertanto la tensione media equivalente utilizzando il criterio della tensione massima principale:

$$\begin{aligned} \sigma_{m\_eq\_K} &= \frac{\sigma_{m\_f\_K}}{2} + \sqrt{\left(\frac{\sigma_{m\_f\_K}}{2}\right)^2 + \tau_{m\_t\_K}^2} = \\ &= \frac{0}{2} + \sqrt{\left(\frac{0}{2}\right)^2 + 0^2} = 0\text{MPa} \end{aligned} \tag{4.81}$$

e la tensione alternata equivalente utilizzando il criterio di Von Mises:

$$\sigma_{a\_eq\_K} = \sqrt{\sigma_{a\_f\_K}^2 + 3 \cdot \tau_{a\_t\_K}^2} = \sqrt{156^2 + 3 \cdot 54^2} = 182\text{MPa} \tag{4.82}$$

Il passo successivo è la costruzione del diagramma di ***Haigh*** (Fig. 4.33) per $\boldsymbol{10^6}$ cicli nel quale si disegnano le due rette limite e la retta di funzionamento e se ne calcolano le intersezioni in modo da determinare il coefficiente di sicurezza della condizione di funzionamento considerata. Nel diagramma di ***Haigh*** di Fig. 4.33 il pedice $\boldsymbol{f}$ di $\boldsymbol{\sigma_{m\_f\_K}}$ e di $\boldsymbol{\sigma_{a\_f\_K}}$ sta ad indicare, appunto, la tensione ***di funzionamento*** che, nel caso in esame, coincide con quella equivalente ($\boldsymbol{\sigma_{m\_f\_K} = \sigma_{m\_eq\_K}}$, $\boldsymbol{\sigma_{a\_f\_K} = \sigma_{a\_eq\_K}}$).

Per costruire il diagramma di ***Haigh*** si determina il limite di fatica a $\boldsymbol{10^6}$ cicli per il materiale in esame. Tale limite indicato con $\boldsymbol{S_{10^6}}$ o più semplicemente $\boldsymbol{S_n}$ vale:

$$S_n = S'_n \cdot C_L \cdot C_G \cdot C_S \tag{4.83}$$

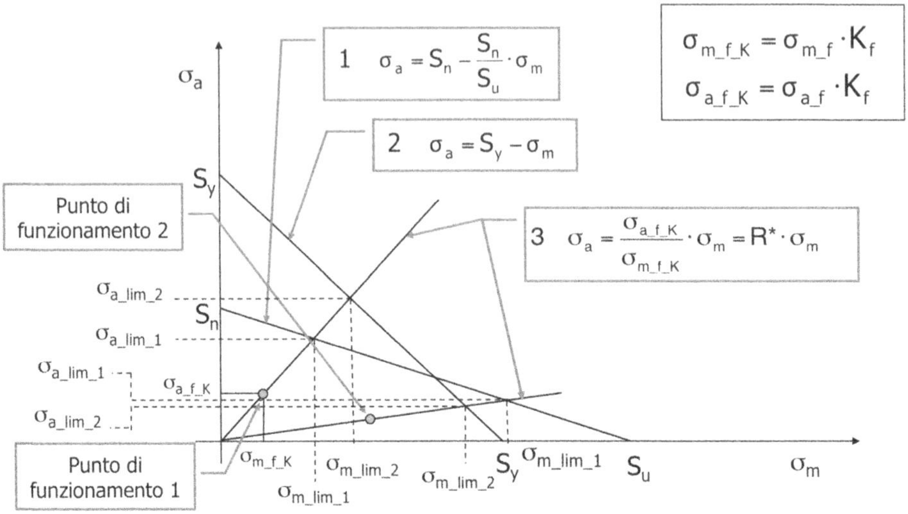

Figura 4.33: Diagramma di Haigh

	Flessione	Trazione	Torsione
C_L (fattore di carico)	1	1	0,58
C_G (fattore per il gradiente di tensione)			
diametro: d < 10mm	1	da 0,7 a 0,9	1
diametro: 10mm < d < 50mm	0,9	da 0,7 a 0,9	0,9

[1] Per materiali che non mostrino un limite di fatica, applicare i fattori alla resistenza per 10^8 o per $5x10^8$ cicli.

[2] Se 50mm<d<100mm ridurre questi fattori di circa 0,1. Se 100mm<d<150mm ridurre questi fattori di circa 0,2.

[3] Usualmente non vengono applicate correzioni per il gradiente di tensione o per lo stato superficiale, ma i valori sperimentali di S_U o di S_{US} dovrebbero riferirsi a dimensioni abbastanza prossime a quelle in esame.

[4] S_{US}=0,8 S_U per gli acciai, S_{US}=0,7 S_U per gli altri materiali.

Figura 4.34: Coefficienti C_L e C_G

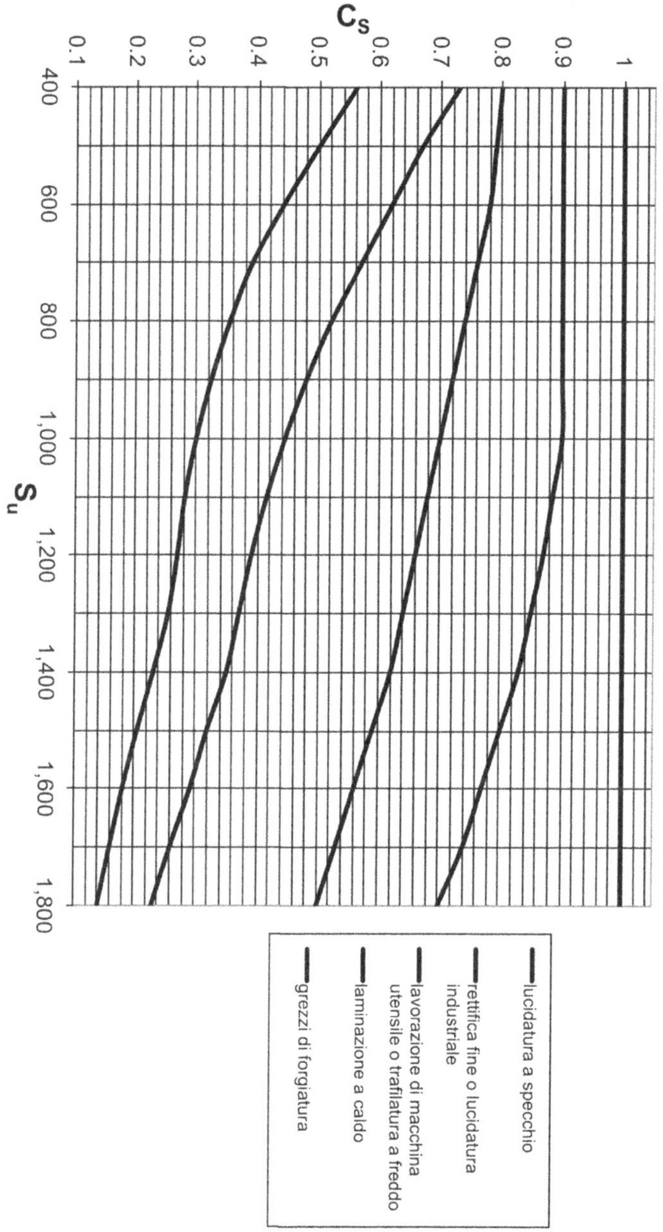

Figura 4.35: Grafico del coefficiente C_S

dove S'_n è il limite a fatica a 10^6 cicli del provino liscio, lucidato a specchio e di ***10mm*** di diametro (se non si possiedono i dati sperimentali sul materiale si può assumere $S'_n = 0,5 \cdot S_u$), C_L è il fattore di carico (secondo la tabella di Fig. 4.34), C_G il fattore del gradiente di tensione (sempre secondo la tabella di Fig. 4.34), C_S il fattore di finitura superficiale (secondo il grafico di Fig. 4.35).

Per la porzione di albero considerata di dimensioni ***D=44mm***, ***d=40mm*** realizzato in ***acciaio lavorato alla macchina utensile*** con S_y***=1.200MPa*** e S_y***=900MPa*** si ottiene:

$$S_n = 0,5 \cdot S_u \cdot C_L \cdot C_G \cdot C_S = 0,5 \cdot 1.200 \cdot 1 \cdot 0,9 \cdot 0,66 = 356\text{MPa} \quad (4.84)$$

L'equazione della retta 1, della retta 2 e del della retta 3 riportate nel diagramma di Fig. 4.33 sono le seguenti:

$$\begin{array}{ll} \text{retta 1} & \sigma_a = S_n - \frac{S_n}{S_u} \cdot \sigma_m \\ \text{retta 2} & \sigma_a = S_y - \sigma_m \\ \text{retta 3} & \sigma_a = R^* \cdot \sigma_m \end{array} \quad (4.85)$$

Il rapporto tra le sollecitazioni R^* è pari a:

$$R^* = \frac{\sigma_{a\_f\_K}}{\sigma_{m\_f\_K}} = \frac{\sigma_{a\_eq\_K}}{\sigma_{m\_eq\_K}} = \frac{182}{0} = \infty \quad (4.86)$$

Poiché il rapporto tra le sollecitazioni R^* è pari a ∞ vuol dire che la ***retta 3*** coincide con l'asse delle ordinate del diagramma di ***Haigh*** di Fig. 4.33, dunque il coefficiente di sicurezza ***CS*** può essere calcolato direttamente come segue:

$$CS = \frac{S_n}{\sigma_{a\_eq\_K}} = \frac{356}{182} = 1,96 \quad (4.87)$$

Si possono, comunque, calcolare i limiti di funzionamento come intersezioni tra ***la retta 1 e la retta 3*** o tra ***la retta 2 e la retta 3*** di Fig. 4.33 scegliendo il limite con il valore limite più basso. Il coefficiente di sicurezza sarà dato, dunque, da:

$$CS = \min\left\{\frac{\sigma_{a\_lim\_1}}{\sigma_{a\_eq\_K}}; \frac{\sigma_{a\_lim\_2}}{\sigma_{a\_eq\_K}}\right\} \quad (4.88)$$

dove:

$$\sigma_{a\_lim\_1} = \frac{S_n}{1 + \frac{S_n}{S_u \cdot R^*}} = \frac{356}{1 + \frac{356}{1.200 \cdot \infty}} = 356\text{MPa} \tag{4.89}$$

$$\sigma_{a\_lim\_2} = \frac{S_y}{1 + \frac{1}{R^*}} = \frac{900}{1 + \frac{1}{\infty}} = 900\text{MPa} \tag{4.90}$$

Il coefficiente di sicurezza risulta perciò pari a:

$$CS = \min\left\{\frac{356}{182}; \frac{900}{182}\right\} = \min\{1,96; 4,94\} = 1,96 \tag{4.91}$$

Dunque il risultato dell'Eq. 4.91 coincide esattamente con il risultato dell'Eq. 4.87.

Capitolo 5

Calcolo e verifica di cuscinetti a rotolamento

5.1 Esercizio 1

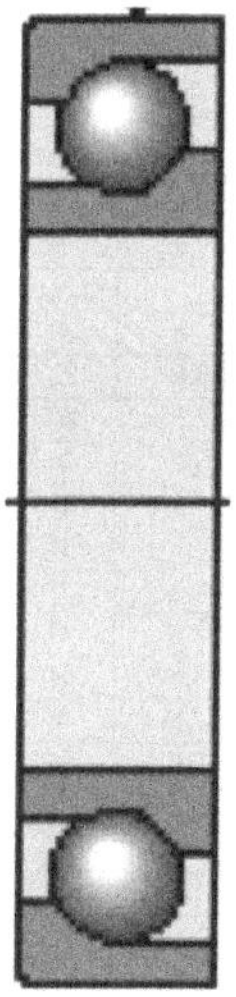

Figura 5.1: Cuscinetto obliquo a sfere

Un cuscinetto obliquo a sfere (α=***25°, tipo 206***) rappresentato in Fig. 5.1, è impiegato per un'applicazione soggetta ad urti ***da lievi a moderati***. Sapendo che la sua velocità di rotazione risulta pari a ***3.500*** $\frac{giri}{min}$ costanti e che su di esso sono applicati un carico radiale $\boldsymbol{F_r}$***=1.000N*** ed un carico assiale $\boldsymbol{F_t=800N}$, stimare la durata in numero di ore con affidabilità $\boldsymbol{R=90\%}$.

Soluzione

Il cuscinetto in esame ha un diametro interno $\boldsymbol{DI=30mm}$ (tipo ***206***, quindi $\boldsymbol{6\cdot 5=30mm}$) ed un coefficiente di carico $\boldsymbol{C=6{,}00kN}$ per una vita pari a $\boldsymbol{L_R=90\cdot 10^6}$ cicli con affidabilità $\boldsymbol{R=90\%}$, come si ricava dalla tabella di Fig. 5.2.

Coefficienti di carico dei cuscinetti C per una vita di 90×10^6 cicli con un'affidabilità R=90%									
	Radiali a sfere, α=0°			Obliqui a sfere, α=25°			A rulli		
DI	L00 extra leggero	200 leggero	300 medio	L00 extra leggero	200 leggero	300 medio	1000 extra leggero	1200 leggero	1300 medio
[mm]	[kN]	[kN]	[kN]	[kN]	[kN]	[kN]	[kN]	[kN]	[kN]
10	1,02	1,42	1,90	1,02	1,10	1,88			
12	1,12	1,42	2,46	1,10	1,54	2,05			
15	1,22	1,56	3,05	1,28	1,66	2,85			
17	1,32	2,70	3,75	1,36	2,20	3,55	2,12	3,80	4,90
20	2,25	3,35	5,30	2,20	3,05	5,80	3,30	4,40	6,20
25	2,45	3,65	5,90	2,65	3,25	7,20	3,70	5,50	8,50
30	3,35	5,40	8,80	3,60	6,00	8,80	2,40[a]	8,30	10,0
35	4,20	8,50	10,6	4,75	8,20	11,0	3,10[a]	9,30	13,1
40	4,50	9,10	12,6	4,95	9,90	13,2	7,20	11,1	16,5
45	5,80	9,40	14,8	6,30	10,4	16,4	7,40	12,2	20,9
50	6,10	9,70	15,8	6,60	11,0	19,2	5,10[a]	12,5	24,5
55	8,20	12,0	18,0	9,00	13,6	21,5	11,3	14,9	27,1
60	8,70	13,6	20,0	9,70	16,4	24,0	12,0	18,9	32,5
65	9,10	16,0	22,0	10,2	19,2	26,5	12,2	21,1	38,3
70	11,6	17,0	24,5	13,4	19,2	29,5		23,6	44,0
75	12,2	17,0	25,5	13,8	20,0	32,5		23,6	45,4
80	14,2	18,4	28,0	16,6	22,5	35,5	17,3	26,2	51,6
85	15,0	22,5	30,0	17,2	26,5	38,5	18,0	30,7	55,2
90	17,2	25,0	32,5	20,0	28,0	41,5		37,4	65,8
95	18,0	27,5	38,0	21,0	31,0	45,5		44,0	65,8
100	18,0	30,5	40,5	21,5	34,5		20,9	48,0	72,9
105	21,0	32,0	43,5	24,5	37,5			49,8	84,5
110	23,5	35,0	46,0	27,5	41,0	55,0	29,4	54,3	85,4
120	24,5	37,5		28,5	44,5			61,4	100,1
130	29,5	41,0		33,5	48,0	71,0	48,9	69,4	120,1
140	30,5	47,5		35,0	56,0			77,4	131,2
150	34,5			39,0	62,0		58,7	83,6	
160								113,4	
180	47,0			54,0			97,9	140,1	
200								162,4	
220								211,3	
240								258,0	

[a] I cuscinetti della serie 1000 extra-leggera non sono disponibili in queste dimensioni. Le capacità di carico riportate sono per la serie 1900 extra-extra-leggera.

Fonte: New Departure-Hyatt Bearing division, General Motors Corporation.

Figura 5.2: Coefficienti dinamici dei cuscinetti

Il calcolo della durata si esegue mediante l'Eq. 5.1 in cui $\boldsymbol{L_R}$ e $\boldsymbol{C}$ sono stati appena definiti, $\boldsymbol{F_e}$ è il carico equivalente radiale determinato tramite l'Eq. 5.2, $\boldsymbol{p}$ è l'esponente di ***Palmgren*** (pari a ***3*** per cuscinetti a sfere, e a $\frac{\mathbf{10}}{\mathbf{3}}$ per cuscinetti a rulli), $\boldsymbol{K_R}$ è il fattore correttivo che tiene conto dell'affidabilità secondo il grafico di Fig. 5.3, $\boldsymbol{K_a}$ è il fattore correttivo del carico equivalente relativo al tipo di applicazione secondo la tabella di Fig. 5.4.

$$L_h = K_R \cdot \frac{L_R}{n \cdot 60} \cdot \left(\frac{C}{K_a \cdot F_e}\right)^p \tag{5.1}$$

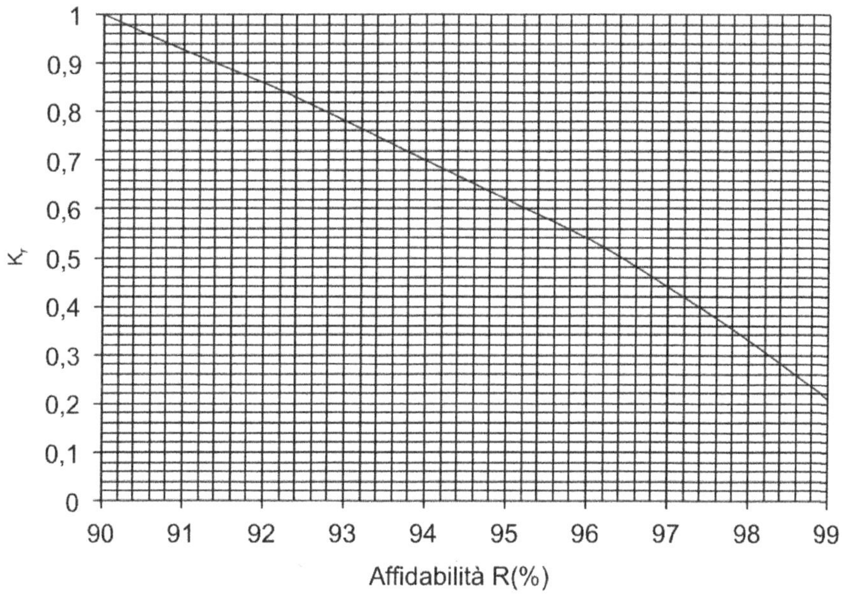

Figura 5.3: Coefficienti di affidabilità

Nel caso considerato $\boldsymbol{K_R}$***=1***, essendo richiesta un'affidabilità ***R=90%***, $\boldsymbol{K_a}$***=1,5*** per urti da lievi a moderati, ***p=3*** ed, infine, $\boldsymbol{F_e}$ si determina in base al rapporto $\frac{\boldsymbol{F_t}}{\boldsymbol{F_r}} = \frac{\mathbf{800}}{\mathbf{1.000}} = \mathbf{0v8}$ secondo lo schema riportato in Fig. 5.5.

$$\begin{aligned} F_e &= F_r \cdot \left[1 + 0,870 \cdot \left(\frac{F_t}{F_r} - 0,68\right)\right] = \\ &= 1.000 \cdot [1 + 0,870 \cdot (0,8 - 0,68)] = 1.105\text{N} \end{aligned} \tag{5.2}$$

Tipo di applicazione	Cuscinetto a sfere	Cuscinetto a rulli
Carico uniforme, senza urti	1,0	1,0
Ingranaggi	1,0-1,3	1,0
Urti lievi	1,2-1,5	1,0-1,1
Urti moderati	1,5-2,0	1,1-1,5
Urti pesanti	2,0-3,0	1,5-2,0

Figura 5.4: Coefficienti di effetto dinamico

α=0° (cuscinetti radiali a sfere)
Per $0 < \frac{F_t}{F_r} < 0{,}35$, $F_e = F_r$
Per $0{,}35 \leq \frac{F_t}{F_r} < 10$, $F_e = F_r \cdot \left[1 + 1{,}115 \cdot \left(\frac{F_t}{F_r} - 0{,}35\right)\right]$
Per $10 \leq \frac{F_t}{F_r}$, $F_e = 1{,}176 \cdot F_r$
α=25° (cuscinetti obliqui a sfere)
Per $0 < \frac{F_t}{F_r} < 0{,}68$, $F_e = F_r$
Per $0{,}68 \leq \frac{F_t}{F_r} < 10$, $F_e = F_r \cdot \left[1 + 0{,}870 \cdot \left(\frac{F_t}{F_r} - 0{,}68\right)\right]$
Per $10 \leq \frac{F_t}{F_r}$, $F_e = 0{,}911 \cdot F_r$

Figura 5.5: Forze equivalenti nel cuscinetto

Pertanto la durata del cuscinetto in esame può essere calcolata come segue:

$$
\begin{aligned}
L_h &= K_R \cdot \frac{L_R}{n \cdot 60} \cdot \left(\frac{C}{K_a \cdot F_e}\right)^p = \\
&= 1 \cdot \frac{9 \cdot 10^7}{3.500 \cdot 60} \cdot \left(\frac{6}{1,5 \cdot 1,105}\right)^3 = 20.329h
\end{aligned}
\tag{5.3}
$$

5.2 Esercizio 2

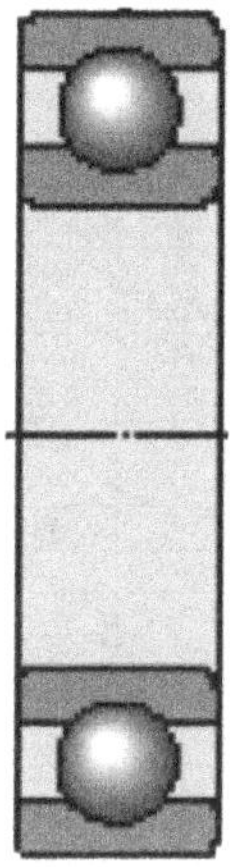

Figura 5.6: Cuscinetto radiale a sfere

Un cuscinetto radiale a sfere (***tipo 209***) rappresentato in Fig. 5.6, è impiegato per un'applicazione soggetta ad urti ***da moderati a pesanti***. Sapendo che la sua velocità di rotazione risulta pari a ***3.000*** $\frac{giri}{min}$ costanti e che su di esso sono applicati un carico radiale F_r=***1.000N*** ed un carico assiale F_t=***500N***, stimare la durata in numero di ore con affidabilità ***R=90%***.

Soluzione

Il cuscinetto in esame ha un diametro interno ***DI=45mm*** (tipo ***209***, quindi ***9·5=45mm***) ed un coefficiente di carico ***C=9,40kN*** per una vita pari a $L_R=90\cdot 10^6$ cicli con affidabilità ***R=90%***, come si ricava dalla tabella di Fig. 5.7.

Il calcolo della durata si esegue mediante l'Eq. 5.4 in cui L_R e C sono stati appena definiti, F_e è il carico equivalente radiale determinato tramite l'Eq. 5.5, p è l'esponente di ***Palmgren*** (pari a ***3*** per cuscinetti a sfere, e a $\frac{10}{3}$ per cuscinetti a rulli), K_R è il fattore correttivo che tiene conto dell'affidabilità secondo il grafico di Fig. 5.8, K_a è il fattore correttivo del carico equivalente relativo al tipo di applicazione secondo la tabella di Fig. 5.9.

Coefficienti di carico dei cuscinetti C per una vita di 90×10^6 cicli con un'affidabilità R=90%									
	Radiali a sfere, α=0°			Obliqui a sfere, α=25°			A rulli		
DI	L00 extra leggero	200 leggero	300 medio	L00 extra leggero	200 leggero	300 medio	1000 extra leggero	1200 leggero	1300 medio
[mm]	[kN]	[kN]	[kN]	[kN]	[kN]	[kN]	[kN]	[kN]	[kN]
10	1,02	1,42	1,90	1,02	1,10	1,88			
12	1,12	1,42	2,46	1,10	1,54	2,05			
15	1,22	1,56	3,05	1,28	1,66	2,85			
17	1,32	2,70	3,75	1,36	2,20	3,55	2,12	3,80	4,90
20	2,25	3,35	5,30	2,20	3,05	5,80	3,30	4,40	6,20
25	2,45	3,65	5,90	2,65	3,25	7,20	3,70	5,50	8,50
30	3,35	5,40	8,80	3,60	6,00	8,80	2,40[a]	8,30	10,0
35	4,20	8,50	10,6	4,75	8,20	11,0	3,10[a]	9,30	13,1
40	4,50	9,10	12,6	4,95	9,90	13,2	7,20	11,1	16,5
45	5,80	9,40	14,8	6,30	10,4	16,4	7,40	12,2	20,9
50	6,10	9,70	15,8	6,60	11,0	19,2	5,10[a]	12,5	24,5
55	8,20	12,0	18,0	9,00	13,6	21,5	11,3	14,9	27,1
60	8,70	13,6	20,0	9,70	16,4	24,0	12,0	18,9	32,5
65	9,10	16,0	22,0	10,2	19,2	26,5	12,2	21,1	38,3
70	11,6	17,0	24,5	13,4	19,2	29,5		23,6	44,0
75	12,2	17,0	25,5	13,8	20,0	32,5		23,6	45,4
80	14,2	18,4	28,0	16,6	22,5	35,5	17,3	26,2	51,6
85	15,0	22,5	30,0	17,2	26,5	38,5	18,0	30,7	55,2
90	17,2	25,0	32,5	20,0	28,0	41,5		37,4	65,8
95	18,0	27,5	38,0	21,0	31,0	45,5		44,0	65,8
100	18,0	30,5	40,5	21,5	34,5		20,9	48,0	72,9
105	21,0	32,0	43,5	24,5	37,5			49,8	84,5
110	23,5	35,0	46,0	27,5	41,0	55,0	29,4	54,3	85,4
120	24,5	37,5		28.5	44,5			61,4	100,1
130	29,5	41,0		33,5	48,0	71,0	48,9	69,4	120,1
140	30,5	47,5		35,0	56,0			77,4	131,2
150	34,5			39,0	62,0		58,7	83,6	
160								113,4	
180	47,0			54,0			97,9	140,1	
200								162,4	
220								211,3	
240								258,0	

[a] I cuscinetti della serie 1000 extra-leggera non sono disponibili in queste dimensioni. Le capacità di carico riportate sono per la serie 1900 extra-extra-leggera.

Fonte: New Departure-Hyatt Bearing division, General Motors Corporation.

Figura 5.7: Coefficienti dinamici dei cuscinetti

$$L_h = K_R \cdot \frac{L_R}{n \cdot 60} \cdot \left(\frac{C}{K_a \cdot F_e} \right)^p \tag{5.4}$$

Nel caso considerato $\boldsymbol{K_R=1}$, essendo richiesta un'affidabilità $\boldsymbol{R=90\%}$, $\boldsymbol{K_a=2}$ per urti da moderati a pesanti, $\boldsymbol{p=3}$ ed, infine, $\boldsymbol{F_e}$ si determina in base al rapporto $\frac{F_t}{F_r} = \frac{500}{1.000} = \mathbf{0,5}$ secondo lo schema riportato in Fig. 5.10.

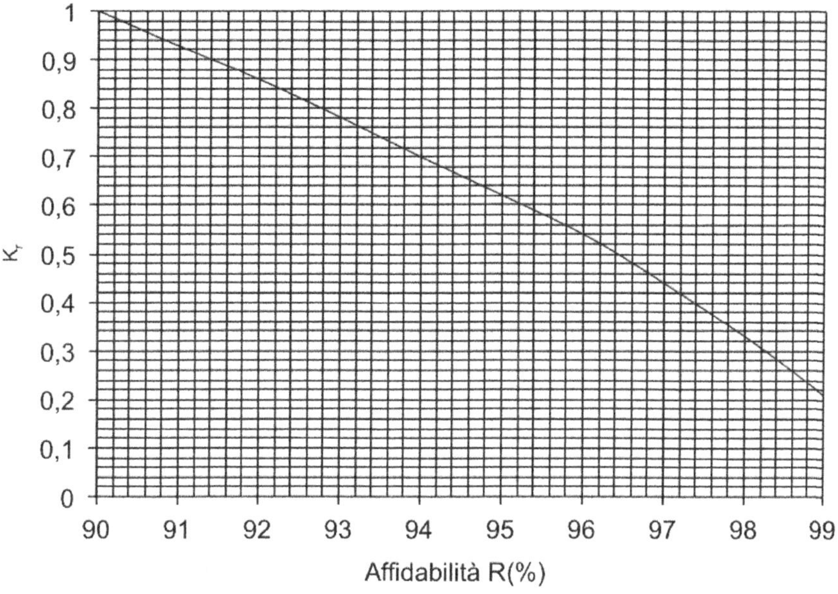

Figura 5.8: Coefficienti di affidabilità

Tipo di applicazione	Cuscinetto a sfere	Cuscinetto a rulli
Carico uniforme, senza urti	1,0	1,0
Ingranaggi	1,0-1,3	1,0
Urti lievi	1,2-1,5	1,0-1,1
Urti moderati	1,5-2,0	1,1-1,5
Urti pesanti	2,0-3,0	1,5-2,0

Figura 5.9: Coefficienti di effetto dinamico

$$F_e = F_r \cdot \left[1 + 1,115 \cdot \left(\frac{F_t}{F_r} - 0,35\right)\right] = \\ = 1.000 \cdot [1 + 1,115 \cdot (0,5 - 0,35)] = 1.168\text{N} \tag{5.5}$$

α=0° (cuscinetti radiali a sfere)
Per $0 < \frac{F_t}{F_r} < 0,35$, $F_e = F_r$
Per $0,35 \le \frac{F_t}{F_r} < 10$, $F_e = F_r \cdot \left[1 + 1,115 \cdot \left(\frac{F_t}{F_r} - 0,35\right)\right]$
Per $10 \le \frac{F_t}{F_r}$, $F_e = 1,176 \cdot F_r$
α=25° (cuscinetti obliqui a sfere)
Per $0 < \frac{F_t}{F_r} < 0,68$, $F_e = F_r$
Per $0,68 \le \frac{F_t}{F_r} < 10$, $F_e = F_r \cdot \left[1 + 0,870 \cdot \left(\frac{F_t}{F_r} - 0,68\right)\right]$
Per $10 \le \frac{F_t}{F_r}$, $F_e = 0,911 \cdot F_r$

Figura 5.10: Forze equivalenti nel cuscinetto

Pertanto la durata del cuscinetto in esame può essere calcolata come segue:

$$\begin{aligned} L_h &= K_R \cdot \frac{L_R}{n \cdot 60} \cdot \left(\frac{C}{K_a \cdot F_e}\right)^p = \\ &= 1 \cdot \frac{9 \cdot 10^7}{3.000 \cdot 60} \cdot \left(\frac{9,4}{2 \cdot 1,168}\right)^3 = 32.579h \end{aligned} \tag{5.6}$$

5.3 Esercizio 3

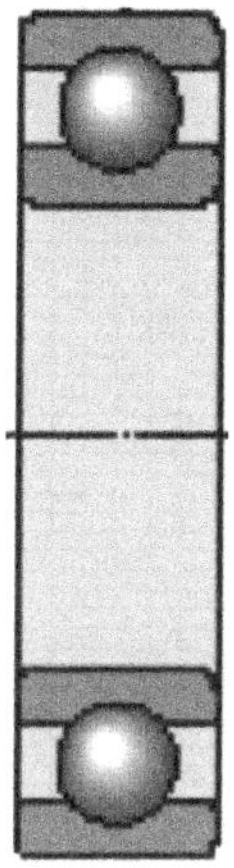

Figura 5.11: Cuscinetto radiale a sfere

Un cuscinetto radiale a sfere (***tipo LXX***) rappresentato in Fig. 5.11, è impiegato per un'applicazione soggetta ad urti ***da lievi a moderati***. Sapendo che la sua velocità di rotazione risulta pari a $\boldsymbol{3.000 \frac{giri}{min}}$ costanti e che su di esso sono applicati un carico radiale $\boldsymbol{F_r{=}1.000N}$ ed un carico assiale $\boldsymbol{F_t{=}600N}$, scegliere le dimensioni del cuscinetto che garantiscono una durata $\boldsymbol{L_h{=}20.000h}$ con affidabilità $\boldsymbol{R{=}90\%}$. Stimare, infine, l'affidabilità $\boldsymbol{R}$ del cuscinetto scelto per la durata di $\boldsymbol{L_h{=}20.000h}$.

Soluzione

Il calcolo della durata si esegue mediante l'Eq. 5.7 in cui $\boldsymbol{L_R{=}90{\cdot}10^6}$ cicli con affidabilità $\boldsymbol{R{=}90\%}$, $\boldsymbol{C}$ è il carico dinamico del cuscinetto, $\boldsymbol{F_e}$ è il carico equivalente radiale determinato tramite l'Eq. 5.8, $\boldsymbol{p}$ è l'esponente di ***Palmgren*** (pari a ***3*** per cuscinetti a sfere, e a $\boldsymbol{\frac{10}{3}}$ per cuscinetti a rulli), $\boldsymbol{K_R}$ è il fattore correttivo che tiene conto dell'affidabilità secondo il grafico di Fig. 5.12, $\boldsymbol{K_a}$ è il fattore correttivo del carico equivalente relativo al tipo di applicazione secondo la tabella di Fig. 5.13.

$$L_h = K_R \cdot \frac{L_R}{n \cdot 60} \cdot \left(\frac{C}{K_a \cdot F_e}\right)^p \tag{5.7}$$

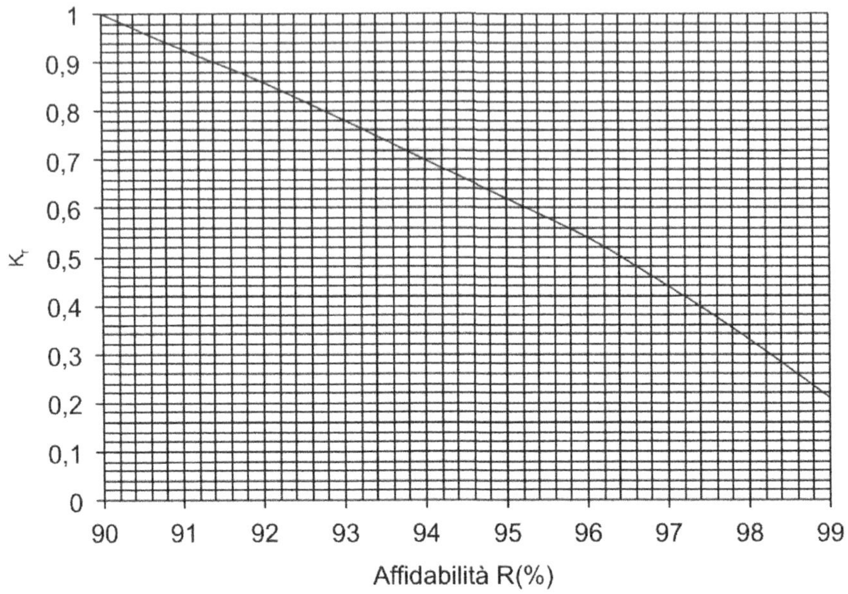

Figura 5.12: Coefficienti di affidabilità

Tipo di applicazione	Cuscinetto a sfere	Cuscinetto a rulli
Carico uniforme, senza urti	1,0	1,0
Ingranaggi	1,0-1,3	1,0
Urti lievi	1,2-1,5	1,0-1,1
Urti moderati	1,5-2,0	1,1-1,5
Urti pesanti	2,0-3,0	1,5-2,0

Figura 5.13: Coefficienti di effetto dinamico

Nel caso considerato $\boldsymbol{K_R=1}$, essendo richiesta un'affidabilità $\boldsymbol{R=90\%}$, $\boldsymbol{K_a=1,5}$ per urti da lievi a moderati, $\boldsymbol{p=3}$ ed, infine, $\boldsymbol{F_e}$ si determina in base al rapporto $\frac{F_t}{F_r} = \frac{600}{1.000} = \mathbf{0,6}$ secondo lo schema riportato in Fig. 5.14.

α=0° (cuscinetti radiali a sfere)
Per $0 < \frac{F_t}{F_r} < 0{,}35$, $F_e=F_r$ Per $0{,}35 \le \frac{F_t}{F_r} < 10$, $F_e = F_r \cdot \left[1+1{,}115 \cdot \left(\frac{F_t}{F_r} - 0{,}35\right)\right]$ Per $10 \le \frac{F_t}{F_r}$, $F_e=1{,}176 \cdot F_r$
α=25° (cuscinetti obliqui a sfere)
Per $0 < \frac{F_t}{F_r} < 0{,}68$, $F_e=F_r$ Per $0{,}68 \le \frac{F_t}{F_r} < 10$, $F_e = F_r \cdot \left[1+0{,}870 \cdot \left(\frac{F_t}{F_r} - 0{,}68\right)\right]$ Per $10 \le \frac{F_t}{F_r}$, $F_e=0{,}911 \cdot F_r$

Figura 5.14: Forze equivalenti nel cuscinetto

$$
\begin{aligned}
F_e &= F_r \cdot \left[1 + 1,115 \cdot \left(\frac{F_t}{F_r} - 0,35\right)\right] = \\
&= 1.000 \cdot [1 + 1,115 \cdot (0,6 - 0,35)] = 1.279\text{N}
\end{aligned}
\tag{5.8}
$$

Nota la durata in ore del cuscinetto è possibile calcolare il coefficiente dinamico minimo richiesto trasformando l'Eq. 5.7 nell'Eq 5.9.

$$
\begin{aligned}
C_{ric} &= K_a \cdot F_e \cdot \left(\frac{L_h \cdot n \cdot 60}{L_R \cdot K_R}\right)^{\left(\frac{1}{p}\right)} = \\
&= 1,5 \cdot 1.279 \cdot \left(\frac{20.000 \cdot 3.000 \cdot 60}{90 \cdot 10^6 \cdot 1}\right)^{\left(\frac{1}{3}\right)} = 6,56\text{kN}
\end{aligned}
\tag{5.9}
$$

Il cuscinetto radiale a sfere da scegliere deve, dunque, avere un coefficiente di carico superiore a $\boldsymbol{C_{ric}=6.56kN}$. Sulla base dei dati contenuti nella tabella di Fig. 5.15, il cuscinetto radiale a sfere con diametro interno ***DI=55mm*** (tipo ***L11*** essendo ***11·5=55mm***), è il primo che soddisfa la condizione e che garantisce la durata di progetto. Infatti possiede un coefficiente di carico ***C=8,2kN*** per una vita pari a $\boldsymbol{L_R=90 \cdot 10^6}$ cicli con affidabilità ***R=90%***.

Infine essendo il coefficiente di carico del cuscinetto scelto superiore a quello richiesto si può stimare l'affidabilità ***R*** del cuscinetto ***L11*** per la

Coefficienti di carico dei cuscinetti C per una vita di 90×10^6 cicli con un'affidabilità R=90%									
	Radiali a sfere, α=0°			Obliqui a sfere, α=25°			A rulli		
DI [mm]	L00 extra leggero [kN]	200 leggero [kN]	300 medio [kN]	L00 extra leggero [kN]	200 leggero [kN]	300 medio [kN]	1000 extra leggero [kN]	1200 leggero [kN]	1300 medio [kN]
10	1,02	1,42	1,90	1,02	1,10	1,88			
12	1,12	1,42	2,46	1,10	1,54	2,05			
15	1,22	1,56	3,05	1,28	1,66	2,85			
17	1,32	2,70	3,75	1,36	2,20	3,55	2,12	3,80	4,90
20	2,25	3,35	5,30	2,20	3,05	5,80	3,30	4,40	6,20
25	2,45	3,65	5,90	2,65	3,25	7,20	3,70	5,50	8,50
30	3,35	5,40	8,80	3,60	6,00	8,80	2,40[a]	8,30	10,0
35	4,20	8,50	10,6	4,75	8,20	11,0	3,10[a]	9,30	13,1
40	4,50	9,10	12,6	4,95	9,90	13,2	7,20	11,1	16,5
45	5,80	9,40	14,8	6,30	10,4	16,4	7,40	12,2	20,9
50	6,10	9,70	15,8	6,60	11,0	19,2	5,10[a]	12,5	24,5
55	8,20	12,0	18,0	9,00	13,6	21,5	11,3	14,9	27,1
60	8,70	13,6	20,0	9,70	16,4	24,0	12,0	18,9	32,5
65	9,10	16,0	22,0	10,2	19,2	26,5	12,2	21,1	38,3
70	11,6	17,0	24,5	13,4	19,2	29,5		23,6	44,0
75	12,2	17,0	25,5	13,8	20,0	32,5		23,6	45,4
80	14,2	18,4	28,0	16,6	22,5	35,5	17,3	26,2	51,6
85	15,0	22,5	30,0	17,2	26,5	38,5	18,0	30,7	55,2
90	17,2	25,0	32,5	20,0	28,0	41,5		37,4	65,8
95	18,0	27,5	38,0	21,0	31,0	45,5		44,0	65,8
100	18,0	30,5	40,5	21,5	34,5		20,9	48,0	72,9
105	21,0	32,0	43,5	24,5	37,5			49,8	84,5
110	23,5	35,0	46,0	27,5	41,0	55,0	29,4	54,3	85,4
120	24,5	37,5		28,5	44,5			61,4	100,1
130	29,5	41,0		33,5	48,0	71,0	48,9	69,4	120,1
140	30,5	47,5		35,0	56,0			77,4	131,2
150	34,5			39,0	62,0		58,7	83,6	
160								113,4	
180	47,0			54,0			97,9	140,1	
200								162,4	
220								211,3	
240								258,0	

[a] I cuscinetti della serie 1000 extra-leggera non sono disponibili in queste dimensioni. Le capacità di carico riportate sono per la serie 1900 extra-extra-leggera.

Fonte: New Departure-Hyatt Bearing division, General Motors Corporation.

Figura 5.15: Coefficienti dinamici dei cuscinetti

durata $\boldsymbol{L_h}$***=20.000h***. A tale scopo si deve, prima, calcolare il coefficiente $\boldsymbol{K_R}$ di affidabilità mediante la seguente formula:

$$K_R = L_h \cdot \frac{n \cdot 60}{L_R} \cdot \left(\frac{K_a \cdot F_e}{C} \right)^p = 20.000 \cdot \frac{3.000 \cdot 60}{90 \cdot 10^6} \cdot \left(\frac{1,5 \cdot 1,279}{8,2} \right)^3 = 0,51 \tag{5.10}$$

A questo punto utilizzando il grafico di Fig. 5.12 ed entrando con $\boldsymbol{K_R}$***=0,51*** è possibile stimare l'affidabilità che risulta pari a ***R=96,3%***.

5.4 Esercizio 4

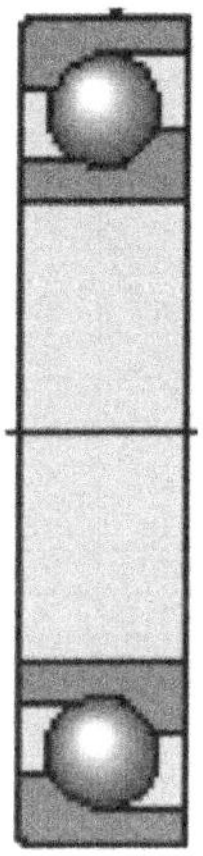

Figura 5.16: Cuscinetto obliquo a sfere

Un cuscinetto obliquo a sfere (***tipo 310***) rappresentato in Fig. 5.16, è impiegato per un'applicazione soggetta ad urti ***da lievi a moderati***. Sapendo che la sua velocità di rotazione risulta pari a $\boldsymbol{3.000\frac{giri}{min}}$ costanti e che su di esso sono applicati tre carichi equivalenti $\boldsymbol{F_{e1}=5kN}$, $\boldsymbol{F_{e2}=8kN}$ e $\boldsymbol{F_{e3}=10kN}$ rispettivamente per una percentuale $\boldsymbol{P_1=50\%}$, $\boldsymbol{P_2=30\%}$ e $\boldsymbol{P_3=20\%}$ del tempo totale di funzionamento dell'applicazione, definire la durata complessiva in ore con affidabilità $\boldsymbol{R=95\%}$.

Soluzione

Il cuscinetto in esame ha un diametro interno $\boldsymbol{DI=50mm}$ (tipo ***310***, quindi $\boldsymbol{10\cdot 5=50mm}$) ed un coefficiente di carico $\boldsymbol{C=19{,}2kN}$ per una vita pari a $\boldsymbol{L_R=90\cdot 10^6}$ cicli con affidabilità $\boldsymbol{R=90\%}$, come si ricava dalla tabella di Fig. 5.17.

Il calcolo della durata si esegue mediante l'Eq. 5.11 in cui $\boldsymbol{L_R=90\cdot 10^6}$ cicli con affidabilità $\boldsymbol{R=90\%}$, $\boldsymbol{C}$ è il carico dinamico del cuscinetto, $\boldsymbol{F_e}$ è il carico equivalente radiale, $\boldsymbol{p}$ è l'esponente di ***Palmgren*** (pari a ***3*** per cuscinetti a sfere, e a $\boldsymbol{\frac{10}{3}}$ per cuscinetti a rulli), $\boldsymbol{K_R}$ è il fattore correttivo che tiene conto dell'affidabilità secondo il grafico di Fig. 5.18, $\boldsymbol{K_a}$ è il fattore correttivo del carico equivalente relativo al tipo di applicazione secondo la tabella di Fig. 5.19.

Coefficienti di carico dei cuscinetti C per una vita di 90×10^6 cicli con un'affidabilità R=90%

	Radiali a sfere, α=0°			Obliqui a sfere, α=25°			A rulli		
DI [mm]	L00 extra leggero [kN]	200 leggero [kN]	300 medio [kN]	L00 extra leggero [kN]	200 leggero [kN]	300 medio [kN]	1000 extra leggero [kN]	1200 leggero [kN]	1300 medio [kN]
10	1,02	1,42	1,90	1,02	1,10	1,88			
12	1,12	1,42	2,46	1,10	1,54	2,05			
15	1,22	1,56	3,05	1,28	1,66	2,85			
17	1,32	2,70	3,75	1,36	2,20	3,55	2,12	3,80	4,90
20	2,25	3,35	5,30	2,20	3,05	5,80	3,30	4,40	6,20
25	2,45	3,65	5,90	2,65	3,25	7,20	3,70	5,50	8,50
30	3,35	5,40	8,80	3,60	6,00	8,80	2,40[a]	8,30	10,0
35	4,20	8,50	10,6	4,75	8,20	11,0	3,10[a]	9,30	13,1
40	4,50	9,10	12,6	4,95	9,90	13,2	7,20	11,1	16,5
45	5,80	9,40	14,8	6,30	10,4	16,4	7,40	12,2	20,9
50	6,10	9,70	15,8	6,60	11,0	19,2	5,10[a]	12,5	24,5
55	8,20	12,0	18,0	9,00	13,6	21,5	11,3	14,9	27,1
60	8,70	13,6	20,0	9,70	16,4	24,0	12,0	18,9	32,5
65	9,10	16,0	22,0	10,2	19,2	26,5	12,2	21,1	38,3
70	11,6	17,0	24,5	13,4	19,2	29,5		23,6	44,0
75	12,2	17,0	25,5	13,8	20,0	32,5		23,6	45,4
80	14,2	18,4	28,0	16,6	22,5	35,5	17,3	26,2	51,6
85	15,0	22,5	30,0	17,2	26,5	38,5	18,0	30,7	55,2
90	17,2	25,0	32,5	20,0	28,0	41,5		37,4	65,8
95	18,0	27,5	38,0	21,0	31,0	45,5		44,0	65,8
100	18,0	30,5	40,5	21,5	34,5		20,9	48,0	72,9
105	21,0	32,0	43,5	24,5	37,5			49,8	84,5
110	23,5	35,0	46,0	27,5	41,0	55,0	29,4	54,3	85,4
120	24,5	37,5		28,5	44,5			61,4	100,1
130	29,5	41,0		33,5	48,0	71,0	48,9	69,4	120,1
140	30,5	47,5		35,0	56,0			77,4	131,2
150	34,5			39,0	62,0		58,7	83,6	
160								113,4	
180	47,0			54,0			97,9	140,1	
200								162,4	
220								211,3	
240								258,0	

[a] I cuscinetti della serie 1000 extra-leggera non sono disponibili in queste dimensioni. Le capacità di carico riportate sono per la serie 1900 extra-extra-leggera.

Fonte: New Departure-Hyatt Bearing division, General Motors Corporation.

Figura 5.17: Coefficienti dinamici dei cuscinetti

$$L = K_R \cdot L_R \cdot \left(\frac{C}{K_a \cdot F_e} \right)^p \tag{5.11}$$

Nel caso considerato, essendo richiesta un'affidabilità ***R=95%***, ***K_R=*** ***=0,62*** è ricavabile dal diagramma di Fig. 5.18, ***K_a=1,5*** per urti da lievi a moderati ricavabile secondo la tabella di Fig. 5.19 ed, infine, ***p=3***. Verranno, dunque, calcolate tre differenti durate limite ***L_i*** per ciascun livello di carico che devono essere confrontate con le durate effettive ***l_i*** mediante la formula di ***Palmgren-Miner*** di cumulazione del danno riportata nell'Eq. 5.12; ***L_i*** si calcola mediante l'Eq. 5.11 mentre

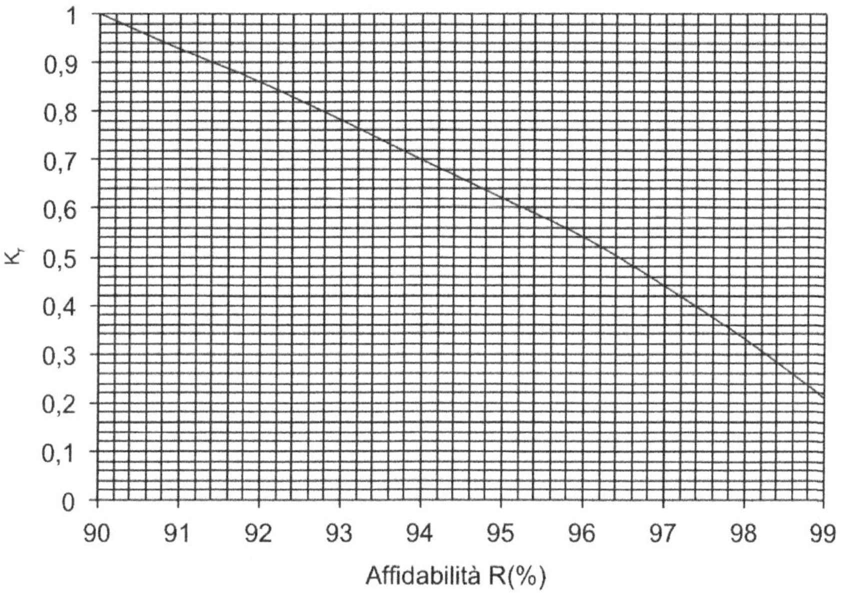

Figura 5.18: Coefficienti di affidabilità

Tipo di applicazione	Cuscinetto a sfere	Cuscinetto a rulli
Carico uniforme, senza urti	1,0	1,0
Ingranaggi	1,0-1,3	1,0
Urti lievi	1,2-1,5	1,0-1,1
Urti moderati	1,5-2,0	1,1-1,5
Urti pesanti	2,0-3,0	1,5-2,0

Figura 5.19: Coefficienti di effetto dinamico

$\boldsymbol{l_i}$ si calcola mediante l'Eq. 5.13 che tiene conto della percentuale di funzionamento al medesimo livello di carico, dal numero di giri $\boldsymbol{n}$ ed del tempo $\boldsymbol{X}$ in minuti incognito.

$$\sum_{i=1}^{N} \frac{l_i}{L_i} = 1 \qquad \frac{l_1}{L_1} + \frac{l_2}{L_2} + \frac{l_3}{L_3} = 1 \tag{5.12}$$

$$l_i = P_i \cdot n \cdot X \tag{5.13}$$

Pertanto l'Eq. 5.12 e l'Eq. 5.13 possono essere riscritte nell'Eq. 5.14.

$$\sum_{i=1}^{N} \frac{l_i}{L_i} = 1 \qquad \frac{P_1 \cdot n \cdot X}{L_1} + \frac{P_2 \cdot n \cdot X}{L_2} + \frac{P_3 \cdot n \cdot X}{L_3} = 1 \tag{5.14}$$

Le durate limite del cuscinetto in esame possono essere calcolate come segue:

$$\begin{aligned} L_1 =& K_R \cdot L_R \cdot \left(\frac{C}{K_a \cdot F_e}\right)^p = 0,62 \cdot 9 \cdot 10^7 \cdot \left(\frac{19,2}{1,5 \cdot 5}\right)^3 = 936.168.652\text{cicli} \\ L_2 =& K_R \cdot L_R \cdot \left(\frac{C}{K_a \cdot F_e}\right)^p = 0,62 \cdot 9 \cdot 10^7 \cdot \left(\frac{19,2}{1,5 \cdot 8}\right)^3 = 228.556.800\text{cicli} \\ L_3 =& K_R \cdot L_R \cdot \left(\frac{C}{K_a \cdot F_e}\right)^p = 0,62 \cdot 9 \cdot 10^7 \cdot \left(\frac{19,2}{1,5 \cdot 10}\right)^3 = 117.021.081\text{cicli} \end{aligned} \tag{5.15}$$

A questo punto può essere ricavata l'incognita ***X*** in minuti sostituendo i valori nell'Eq. 5.14. E' bene sottolineare che per il calcolo dell'incognita ***X*** si deve tenere un numero di cifre significative uguali per tutti e tre i fattori dell'Eq. 5.16.

$$\begin{aligned} 1 =& \frac{P_1 \cdot n \cdot X}{L_1} + \frac{P_2 \cdot n \cdot X}{L_2} + \frac{P_3 \cdot n \cdot X}{L_3} \\ =& X \cdot \left(\frac{50\% \cdot 3.000}{936.168.652} + \frac{30\% \cdot 3.000}{228.556.800} + \frac{20\% \cdot 3.000}{117.021.081}\right) \\ =& X \cdot \left(1,6022754 \cdot 10^{-6} + 3,9377520 \cdot 10^{-6} + 5,1272813 \cdot 10^{-6}\right) \\ =& X \cdot 1,066731 \cdot 10^{-5} \\ X =& \frac{1}{1,066731 \cdot 10^{-5}} = 93.744\text{min} \end{aligned} \tag{5.16}$$

Infine le ore di funzionamento risultano pari a:

$$\frac{93.744}{60} = 1.562\text{h} \tag{5.17}$$

5.5 Esercizio 5

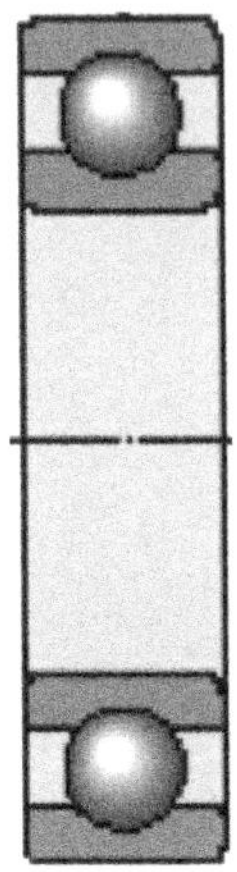

Figura 5.20: Cuscinetto radiale a sfere

Un cuscinetto radiale a sfere (***tipo L12***) rappresentato in Fig. 5.20, è impiegato per un'applicazione soggetta ad urti ***da moderati a pesanti***. Sapendo che la sua velocità di rotazione risulta pari a $\boldsymbol{1.500\frac{giri}{min}}$ costanti e che su di esso sono applicati quattro carichi equivalenti $\boldsymbol{F_{e1}=2kN}$, $\boldsymbol{F_{e2}=4kN}$, $\boldsymbol{F_{e3}=6kN}$ e $\boldsymbol{F_{e4}=8kN}$ rispettivamente per una percentuale $\boldsymbol{P_1=40\%}$, $\boldsymbol{P_2=30\%}$, $\boldsymbol{P_3=20\%}$ e $\boldsymbol{P_4=10\%}$ del tempo totale di funzionamento dell'applicazione, definire l'affidabilità del cuscinetto per una durata complessiva di $\boldsymbol{500h}$.

Soluzione

Il cuscinetto in esame ha un diametro interno $\boldsymbol{DI=60mm}$ (tipo ***L12***, quindi $\boldsymbol{12\cdot5=60mm}$) ed un coefficiente di carico $\boldsymbol{C=8,7kN}$ per una vita pari a $\boldsymbol{L_R=90\cdot10^6}$ cicli con affidabilità $\boldsymbol{R=90\%}$, come si ricava dalla tabella di Fig. 5.21.

Il calcolo della durata si esegue mediante l'Eq. 5.15 in cui $\boldsymbol{L_R=90\cdot10^6}$ cicli con affidabilità $\boldsymbol{R=90\%}$, $\boldsymbol{C}$ è il carico dinamico del cuscinetto, $\boldsymbol{F_e}$ è il carico equivalente radiale, $\boldsymbol{p}$ è l'esponente di ***Palmgren*** (pari a ***3*** per cuscinetti a sfere, e a $\boldsymbol{\frac{10}{3}}$ per cuscinetti a rulli), $\boldsymbol{K_R}$ è il fattore correttivo che tiene conto dell'affidabilità secondo il grafico di Fig. 5.22, $\boldsymbol{K_a}$ è il

Coefficienti di carico dei cuscinetti C per una vita di 90×10^6 cicli con un'affidabilità R=90%									
	Radiali a sfere, α=0°			Obliqui a sfere, α=25°			A rulli		
DI	L00 extra leggero	200 leggero	300 medio	L00 extra leggero	200 leggero	300 medio	1000 extra leggero	1200 leggero	1300 medio
[mm]	[kN]	[kN]	[kN]	[kN]	[kN]	[kN]	[kN]	[kN]	[kN]
10	1,02	1,42	1,90	1,02	1,10	1,88			
12	1,12	1,42	2,46	1,10	1,54	2,05			
15	1,22	1,56	3,05	1,28	1,66	2,85			
17	1,32	2,70	3,75	1,36	2,20	3,55	2,12	3,80	4,90
20	2,25	3,35	5,30	2,20	3,05	5,80	3,30	4,40	6,20
25	2,45	3,65	5,90	2,65	3,25	7,20	3,70	5,60	8,50
30	3,35	5,40	8,80	3,60	6,00	8,80	2,40[a]	8,30	10,0
35	4,20	8,50	10,6	4,75	8,20	11,0	3,10[a]	9,30	13,1
40	4,50	9,10	12,6	4,95	9,90	13,2	7,20	11,1	16,5
45	5,80	9,40	14,8	6,30	10,4	16,4	7,40	12,2	20,9
50	6,10	9,70	15,8	6,60	11,0	19,2	5,10[a]	12,5	24,5
55	8,20	12,0	18,0	9,00	13,6	21,5	11,3	14,9	27,1
60	8,70	13,6	20,0	9,70	16,4	24,0	12,0	18,9	32,5
65	9,10	16,0	22,0	10,2	19,2	26,5	12,2	21,1	38,3
70	11,6	17,0	24,5	13,4	19,2	29,5		23,6	44,0
75	12,2	17,0	25,5	13,8	20,0	32,5		23,6	45,4
80	14,2	18,4	28,0	16,6	22,5	35,5	17,3	26,2	51,6
85	15,0	22,5	30,0	17,2	26,5	38,5	18,0	30,7	55,2
90	17,2	25,0	32,5	20,0	28,0	41,5		37,4	65,8
95	18,0	27,5	38,0	21,0	31,0	45,5		44,0	65,8
100	18,0	30,5	40,5	21,5	34,5		20,9	48,0	72,9
105	21,0	32,0	43,5	24,5	37,5			49,8	84,5
110	23,5	35,0	46,0	27,5	41,0	55,0	29,4	54,3	85,4
120	24,5	37,5		28,5	44,5			61,4	100,1
130	29,5	41,0		33,5	48,0	71,0	48,9	69,4	120,1
140	30,5	47,5		35,0	56,0			77,4	131,2
150	34,5			39,0	62,0		58,7	83,6	
160								113,4	
180	47,0			54,0			97,9	140,1	
200								162,4	
220								211,3	
240								258,0	

[a] I cuscinetti della serie 1000 extra-leggera non sono disponibili in queste dimensioni. Le capacità di carico riportate sono per la serie 1900 extra-extra-leggera.

Fonte: New Departure-Hyatt Bearing division, General Motors Corporation.

Figura 5.21: Coefficienti dinamici dei cuscinetti

fattore correttivo del carico equivalente relativo al tipo di applicazione secondo la tabella di Fig. 5.23.

$$L = K_R \cdot L_R \cdot \left(\frac{C}{K_a \cdot F_e} \right)^p \tag{5.18}$$

Nel caso considerato $\boldsymbol{K_a=2}$ per urti da moderati a forti ricavabile secondo la tabella di Fig. 5.23, $\boldsymbol{p=3}$ ed, infine, $\boldsymbol{K_R}$ rimane indicato in quanto deve essere calcolato in base ai dati di progetto. Saranno inizialmente calcolate tre differenti durate limite $\boldsymbol{L_i}$ per ciascun livello di carico che devono essere confrontate con le durate effettive $\boldsymbol{l_i}$ mediante

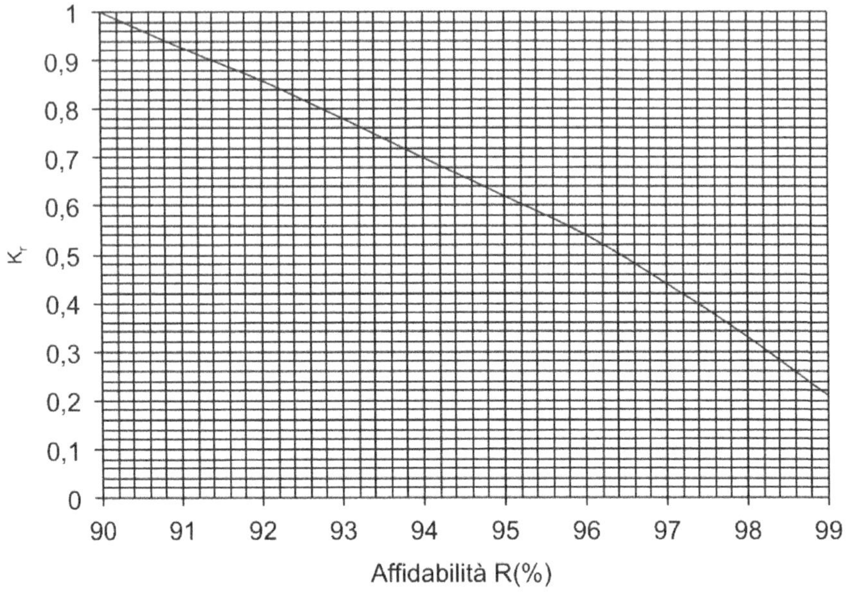

Figura 5.22: Coefficienti di affidabilità

Tipo di applicazione	**Cuscinetto a sfere**	**Cuscinetto a rulli**
Carico uniforme, senza urti	1,0	1,0
Ingranaggi	1,0-1,3	1,0
Urti lievi	1,2-1,5	1,0-1,1
Urti moderati	1,5-2,0	1,1-1,5
Urti pesanti	2,0-3,0	1,5-2,0

Figura 5.23: Coefficienti di effetto dinamico

la formula di ***Palmgren-Miner*** di cumulazione del danno riportata nell'Eq. 5.19; $\boldsymbol{L_i}$ si calcola mediante l'Eq. 5.18 mentre $\boldsymbol{l_i}$ si calcola mediante l'Eq. 5.20 che tiene conto della percentuale di funzionamento al medesimo livello di carico, dal numero di giri $\boldsymbol{n}$ ed del tempo $\boldsymbol{h}$ in ore.

$$\sum_{i=1}^{N} \frac{l_i}{L_i} = 1 \qquad \frac{l_1}{L_1} + \frac{l_2}{L_2} + \frac{l_3}{L_3} = 1 \tag{5.19}$$

$$l_i = P_i \cdot n \cdot h \cdot 60 = P_i \cdot 1.500 \cdot 500 \cdot 60 = P_i \cdot 45.000.000 cicli \tag{5.20}$$

Pertanto l'Eq. 5.19 e l'Eq. 5.20 possono essere riscritte nell'Eq. 5.21.

$$\sum_{i=1}^{N} \frac{l_i}{L_i} = 1 \qquad 45 \cdot 10^6 \cdot \left(\frac{P_1}{L_1} + \frac{P_2}{L_2} + \frac{P_3}{L_3} + \frac{P_4}{L_4} \right) = 1 \tag{5.21}$$

Le durate limite del cuscinetto in esame possono essere calcolate come segue:

$$\begin{aligned} L_1 &= K_R \cdot L_R \cdot \left(\frac{C}{K_a \cdot F_e} \right)^p = K_R \cdot 9 \cdot 10^7 \cdot \left(\frac{8,7}{2 \cdot 2} \right)^3 = K_R \cdot 926.019.843 \text{cicli} \\ L_2 &= K_R \cdot L_R \cdot \left(\frac{C}{K_a \cdot F_e} \right)^p = K_R \cdot 9 \cdot 10^7 \cdot \left(\frac{8,7}{2 \cdot 4} \right)^3 = K_R \cdot 115.752.480 \text{cicli} \\ L_3 &= K_R \cdot L_R \cdot \left(\frac{C}{K_a \cdot F_e} \right)^p = K_R \cdot 9 \cdot 10^7 \cdot \left(\frac{8,7}{2 \cdot 6} \right)^3 = K_R \cdot 34.297.031 \text{cicli} \\ L_4 &= K_R \cdot L_R \cdot \left(\frac{C}{K_a \cdot F_e} \right)^p = K_R \cdot 9 \cdot 10^7 \cdot \left(\frac{8,7}{2 \cdot 8} \right)^3 = K_R \cdot 14.469.060 \text{cicli} \end{aligned} \tag{5.22}$$

A questo punto può essere ricavata l'incognita $\boldsymbol{K_R}$ sostituendo i valori nell'Eq. 5.21. E' bene sottolineare che per il calcolo dell'incognita $\boldsymbol{K_R}$ si deve tenere un numero di cifre significative uguali per tutti e quattro i fattori dell'Eq. 5.23.

$$\begin{aligned} 1 &= 45 \cdot 10^6 \cdot \left(\frac{P_1}{L_1} + \frac{P_2}{L_2} + \frac{P_3}{L_3} + \frac{P_4}{L_4} \right) \\ &= \frac{45 \cdot 10^6}{K_R} \cdot \left(\frac{40\%}{926.019.843} + \frac{30\%}{115.752.480} + \frac{20\%}{34.297.031} + \frac{10\%}{14.469.060} \right) \\ &= \frac{45 \cdot 10^6}{K_R} \cdot \left(4,32 \cdot 10^{-10} + 2,592 \cdot 10^{-9} + 5,8321 \cdot 10^{-9} + 6,911 \cdot 10^{-9} \right) \\ &= \frac{45 \cdot 10^6 \cdot 1,58 \cdot 10^{-8}}{K_R} = \frac{0,71}{K_R} \quad \Rightarrow \\ K_R &= 0,71 \end{aligned} \tag{5.23}$$

A questo punto utilizzando il grafico di Fig. 5.22 ed entrando con $\boldsymbol{K_R}$***=0,71*** è possibile stimare l'affidabilità che risulta pari a ***R=93,9%***.

Bibliografia di riferimento

1. O. Belluzzi - Scienza delle Costruzioni Vol I - Zanichelli, Bologna
2. RC. Juvinall, K.M. Marshek - Fondamenti della progettazione dei Componenti delle Macchine - Ed. ETS Pisa
3. D. Croccolo, N. Vincenzi - Lezioni di Fondamenti e Tecnica della Progettazione Meccanica, Soc. Ed. Esculapio, Bologna
4. R. Giovannozzi: Costruzione di macchine vol I e II, Patron, Bologna
5. G. Niemann, H. Winter, B.R. Hohn - Manuale degli organi delle macchine – Tecniche Nuove
6. Beer, Russel Johnston, DeWolf - Meccanica dei solidi - McGraw-Hill
7. J.E. Shigley, C.R.Mischke Budynas – Progetto e costruzione di macchine - Mc Graw-Hill
8. G. Nerli – Costruzione di macchine – Noccioli Editore Firenze
9. ISO 898 -2004 Mechanical properties of fasteners made of carbon steel and alloy steel
10. J. H. Bickford - Introduction to the Design and Behavior of Bolted Joints", 4 Ed. Non-Gasketed Joints, CRC Press, 2008
11. VDI 2230 - Systematic calculation of high duty bolted joints - Joints with one cylindrical bolt, 2003
12. ISO 273 - 1979, Fasteners - Clearance holes for bolts and studs

Made in the USA
Coppell, TX
05 November 2026

11307332R00109